U0295362

智能制造专业群"十三五"规划教材

工业机器人
操作与编程

主　编　陈永平　李　莉
副主编　何燕妮　余思涵　郝　淼

上海交通大学出版社
SHANGHAI JIAO TONG UNIVERSITY PRESS

内容提要

本书分为 4 篇：认知篇、基础操作篇、编程篇和初级应用篇。认知篇主要通过认识典型的机床上下料、搬运码垛等机器人工作站，了解工业机器人的结构组成，并详细地介绍了 ABB 公司的 IRB120 机器人、IRC5 控制柜、示教器以及安全操作要求；基础操作篇结合 RobotStudio 仿真软件循序渐进、图文并茂地讲解了 ABB 工业机器人的具体操作过程；编程篇主要介绍了 ABB 工业机器人工具坐标、工件坐标等程序数据建立和编辑方法以及 RAPID 程序编写的基本方法和操作；初级应用篇介绍了机器人在轨迹和搬运码垛中应用，从目标点示教、IO 信号设置、工具坐标设置、工件坐标设置、程序编写调试等方面介绍了机器人的开发应用过程。

本书适合从事 ABB 工业机器人应用的操作与编程人员以及职业教育院校制造大类和电子信息大类等相关专业学生使用。

图书在版编目(CIP)数据

工业机器人操作与编程／陈永平，李莉主编. 一上海：上海交通大学出版社，(2023重印)
ISBN 978－7－313－19847－1

Ⅰ.①工… Ⅱ.①陈… ②李… Ⅲ.①工业机器人－操作－教材②工业机器人－程序设计－教材 Ⅳ.①TP242.2

中国版本图书馆 CIP 数据核字(2018)第 173877 号

工业机器人操作与编程

主　　编:	陈永平　李　莉			
出版发行:	上海交通大学出版社	地　　址:	上海市番禺路 951 号
邮政编码:	200030	电　　话:	021－64071208
印　　制:	常熟市文化印刷有限公司			
开　　本:	787 mm×1092 mm　1/16	经　　销:	全国新华书店
字　　数:	408 千字	印　　张:	17.75
版　　次:	2018 年 9 月第 1 版			
书　　号:	ISBN 978－7－313－19847－1	印　　次:	2023 年 8 月第 3 次印刷
定　　价:	48.00 元			

智能制造专业群"十三五"规划教材
编委会名单

委　员　（按姓氏首写字母排序）

蔡金堂　上海新南洋教育科技有限公司

常韶伟　上海新南洋股份有限公司

陈永平　上海信息职业技术学院

成建生　淮安信息职业技术学院

崔建国　上海智能制造功能平台

高功臣　河南工业职业技术学院

郭　琼　常州机电职业技术学院

黄　麟　无锡职业技术学院

江可万　上海东海职业技术学院

蒋庆斌　常州机电职业技术学院

那　莉　上海交大教育集团

秦　威　上海交通大学机械与动力工程学院

邵　瑛　上海信息职业技术学院

薛苏云　常州信息职业技术学院

王维理　上海交大教育集团

徐智江　上海豪洋智能科技有限公司

杨　萍　上海东海职业技术学院

杨　帅　淮安信息职业技术学院

杨晓光　上海新南洋合鸣教育科技有限公司

张季萌　河南工业职业技术学院

赵海峰　南京信息职业技术学院

前言 perface

工业机器人技术自从问世以来,就以前所未有的速度得到了高速的发展。机器人以其稳定、高效、低故障率等众多优势正越来越多地代替人工劳动,在汽车行业、电子电器行业、工程机械等行业得到了广泛的应用,成为未来加工制造业的重要技术和自动化装备。

2015年,国务院印发了《中国制造2025》,《中国制造2025》被称为中国版的工业4.0。《中国制造2025》明确了未来十年制造业发展方向,实现我国制造业由大到强的转型目标。在这一过程中,企业将进行智能化与工业化相结合的改进升级,实现智能工厂、智能生产、智能物流,以机器人为引领的智能装备将会面临井喷式发展。

机器人井喷发展的背后是一个巨大而急切的工业机器人应用人员的人才缺口。为适应市场对技术、技能型人才的需求,本书以ABB工业机器人为例详细讲解了工业机器人的基本操作及编程,每一个内容都通过详细的实例进行了讲解操作。本书分为4篇:认知篇、基础操作篇、编程篇和初级应用篇。认知篇主要通过认识典型的机床上下料、搬运码垛等机器人工作站,了解工业机器人的结构组成,并详细地介绍了ABB公司的IRB120机器人、IRC5控制柜、示教器以及安全操作要求;基础篇部分结合RobotStudio仿真软件循序渐进、图文并茂地讲解了ABB工业机器人的具体操作过程;编程篇主要介绍了ABB工业机器人工具坐标、工件坐标等程序数据建立和编辑方法以及RAPID程序编写的基本方法和操作;初级应用篇介绍了机器人在轨迹和搬运码垛中应用,从目标点示教、IO信号设置、工具坐标设置、工件坐标设置、程序编写调试等方面介绍了机器人的开发应用过程。

本书由上海电子信息职业技术学院陈永平、上海材料工程学校李莉担任主编。具体编写分工如下:项目一由王长国编写,项目二至项目四由李莉编写,项目五和项目七由上海电子信息职业技术学院余思涵编写,项目六由杨志红编写,项目八和项目十由何燕妮负责编写,项目九由郝淼负责编写,项目十一和项目十二由陈永平编写。本书项目中的FST实训台三维模型由高苏启负责建模。

在本书编写过程中,得到了ABB(中国)有限公司、浙江亚龙教育装备股份有限公司和上海福赛特机器人有限公司等单位有关领导、工程技术人员和教师的支持与帮助,在此一并表示衷心的感谢!

由于编者水平有限,书中存在的不足和缺漏,敬请专家、广大读者批评指正。

目录 contents

第三篇　编　　程

第四篇　初 级 应 用

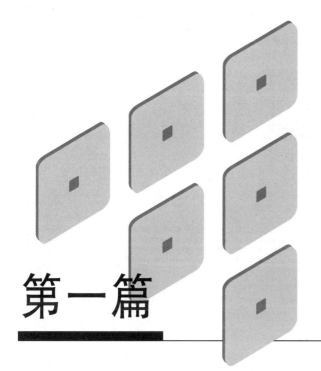

第一篇

认　知

本篇通过认识典型的机床上下料、搬运码垛等机器人工作站，了解工业机器人的结构组成，并详细介绍了 ABB 公司的 IRB120 机器人、IRC5 控制柜、示教器以及安全操作要求。通过使用 RobotStudio 软件建立虚拟机器人硬件和控制系统进一步深入认识机器人工作站并掌握 RobotStudio 软件的基本操作。读者在此基础上可利用提供的素材搭建 FST 机器人工作台。

项目一
认识机器人工作站

任务目标

（1）认识机器人工作站。

（2）认识工业机器人。

（3）ABB IRB120 工业机器人连接。

（4）ABB 工业机器人开关机基本操作。

（5）操作安全注意事项。

任务描述

通过认识上下料、码垛和搬运等典型的机器人工作站，认识工业机器人组成。以 ABB 的 IRB120 机器人为例，了解、熟悉 IRB120 机器人本体与控制柜连接，能正确地进行机器人开关机操作，并熟悉工业机器人操作安全注意事项。

学习与实践

1. 认识机器人工作站

机器人工作站是指使用一台或者多台工业机器人，配以相应的周边设备，能够进行简单作业，可以完成某一特定工序作业的独立生产系统，又称作机器人工作单元。一个基本的工业机器人工作站包含工业机器人及其工作对象，下面介绍几种典型的机器人工作站。

1）CNC 机床上下料工作站

CNC 机床上下料的过程比较简单，适合机器人的大量使用。使用机器人进行上下料，能够满足快速、大批量加工节拍的生产要求，可以大大提高工厂的生产效率。

图 1-1 所示的 CNC 机床上下料工作站是由 CNC 机床、入料输送线、出料输送线以及 IRB2600 机器人组成。该工作站中上下料流程如下。

图 1-1　CNC 机床上下料工作站

（1）IRB2600 机器人在左侧入料输送流水线上取料。

（2）将零件放置在 CNC 机床内由机床夹具加紧。

（3）待机床加工工序完成后从机床夹具中取出。

（4）IRB2600 机器人最后将零件放置于右侧出料输送线上的盘中。

2）码垛工作站

工业机器人在流水线上广泛应用于各类原料的包装码垛，码垛是指将形状基本一致的产品按照规定的工艺要求堆叠起来。码垛机器人除了完成搬运的任务，还要将工件（料袋、料箱等）有规律的一层一层的摆放在托盘上。图 1-2 是常见码垛工作场景，图 1-3 为码垛工作站。

图 1-2　码　垛　场　景

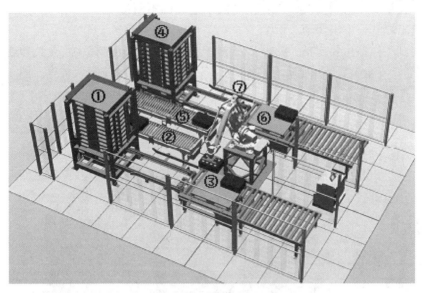

图 1-3 码垛工作站

① 为 1 号托盘库;② 为 1 号产品线体;③ 为 1 号托盘线体;④ 为 2 号托盘库;⑤ 为 2 号产品线体;⑥ 为 2 号托盘线体;⑦ 为 IRB460 机器人

3) 搬运工作站

图 1-4 为太阳能薄板搬运工作站,使用 IRB120 机器人在流水线上拾取太阳能薄板工件,将其搬运到暂存盒中,以便周转到下一个工位进行处理。

图 1-4 搬运工作站

4) 激光切割工作站

激光切割工作站可以完成许多异形材料的切割加工,相对于等离子切割、超高压水切割和线切割而言,具有许多优点而被大量应用。目前主要的应用形式为平面机床、切管机及五轴机床等。大量的板材、管材被高精度、高效率地源源不断接受剪裁,激光切割站是制造企业的第一道工序——下料环节。

激光切割工作站主要包括:机器人、末端执行器、机器人控制系统、夹具和变位机、机器人架座、配套及安全装置、动力源、工件储运设备、检查、监视和控制系统等。图1-5所示为激光切割工作站。

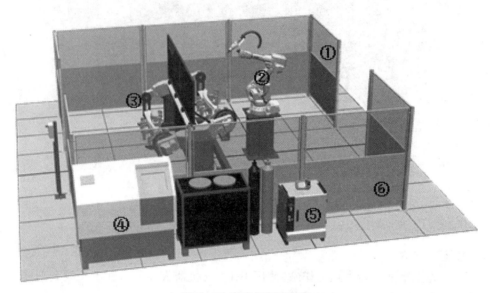

图1-5 激光切割工作站

① 为安全光栅;② 为六轴机器人;③ 为变位机;④ 为集控柜;⑤ 为机器人控制柜;⑥ 为安全围栏

在机器人工作站中,工业机器人是主要的核心设备,下面我们来认识工业机器人。

2. 认识工业机器人

工业机器人的结构是由机械系统、驱动系统和控制系统3个基本部分组成。

机械系统即执行机构,包括基座、臂部和腕部,大多数工业机器人有3~6个自由度。

驱动系统主要是指机械系统的驱动装置,用来执行机构产生相应的动作。根据驱动源的不同,驱动系统分为电气、液压、气压3种以及它们结合起来应用的综合系统。其中,电气驱动系统在工业机器人中应用最为普遍,可以分为步进电动机、直流伺服电动机和交流伺服电动机3种驱动形式。目前主流为交流伺服电动机驱动形式。

控制系统是机器人的大脑,控制系统的任务是根据机器人的作业指令程序以及传感器反馈回来的信号,控制机器人的执行机构,使其完成规定的运动和功能。

根据机器人机械结构的不同,工业机器人可以分为:直角坐标机器人、平面型机器人、并联机器人、多关节机器人,图1-6为常见的工业机器人。

工业机器人基本单元包括:机器人本体、控制柜和示教器3个部分。

1) 机器人本体

机器人本体是一个机械结构,用于移动末端工具执行相关工艺过程的机械单元。常见的ABB机器人本体,如图1-7所示。

图1-8为ABB六轴工业机器人,其6个关节都能单独驱动。

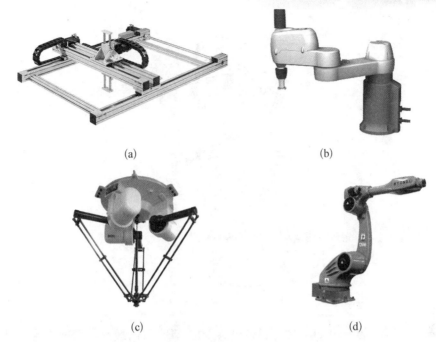

(a)　　　　　　　　　　　　　(b)

(c)　　　　　　　　　　　　　(d)

图 1 - 6　常见工业机器人

(a) 直角坐标机器人;(b) 平面型机器人;(c) 并联机器人;(d) 多关节机器人

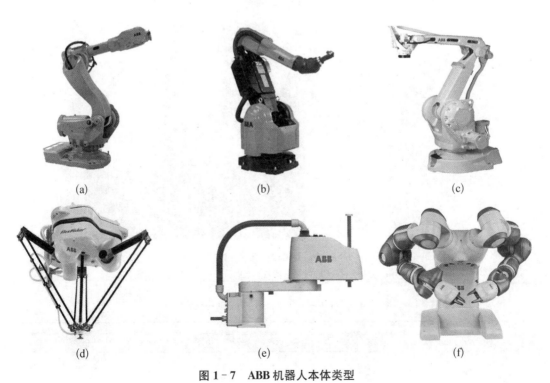

(a)　　　　　　　　(b)　　　　　　　　(c)

(d)　　　　　　　　(e)　　　　　　　　(f)

图 1 - 7　ABB 机器人本体类型

(a) 通用六轴机器人;(b) 喷涂机器人;(c) 搬运机器人;(d) DELTA 并联机器人;(e) SCARA 机器人;(f) 协作机器人

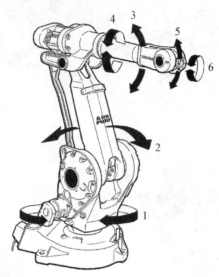

图1-8 六轴机器人

图1-9是ABB的IRB120机器人,该机器人是ABB目前最小的六轴机器人,其6个关节分别由6个电机驱动,其与机器人6个关节的对应关系如表1-1所示。

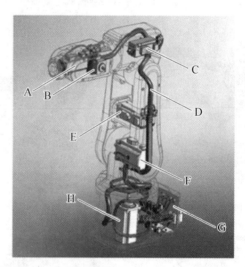

图1-9 IRB120机器人本体

D为电缆线束;G为底座和电缆接口;A～H为6个驱动电机

表1-1 电机与关节轴对应关系表

电 机 标 号	驱动关节轴	电 机 标 号	驱动关节轴
H	轴1	C	轴4
F	轴2	B	轴5
E	轴3	A	轴6

2) 机器人控制柜

为了控制机器人本体运动,需要机器人控制柜。机器人控制柜是机器人系统的重要组成部分,它的作用是给机器人提供电源,对机器人的位置点进行正解和反解运算,并提供I/O端口,与上位机或者外围设备进行通信,切换机器人的工作模式以及控制机器人的运动。

ABB 机器人控制器当前版本为 IRC5,即第五代 ABB 机器人控制柜。IRC5 控制柜分为喷涂控制柜、面板嵌入式控制柜、组合柜、标准柜(单柜)和紧凑型控制柜,如图 1-10 所示。

(a)　　　　　　　(b)　　　　　　　(c)

(d)　　　　　　　(e)

图 1-10　IRC5 控制柜类型

(a) 喷涂控制柜;(b) 面板嵌入式控制柜;(c) 组合柜;(d) 标准柜(单柜);(e) 紧凑型控制柜

控制柜由主计算机模块、驱动模块、控制面板、总线通信模块、IO 模块以及示教器组成。其内部包括主计算机单元、工业 SD 存储卡、IO 单元安装装置、外轴驱动单元、机器人驱动单元、预装第三方工业总线适配器和供电单元等,如图 1-11 所示。

控制柜外表面装有供使用者操作的按钮开关。标准控制柜按钮开关的作用,如图 1-12 所示。

A. 主电源开关:开启和关闭机器人系统的电源;

B. 急停开关:当遇到紧急状况时按下此按钮,机器人立即停止当前运动;

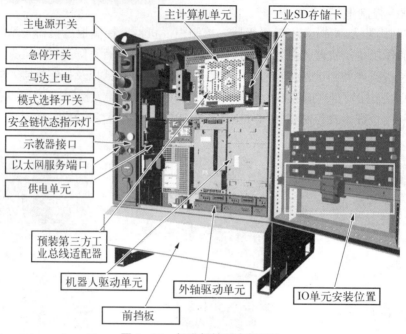

主电源开关
急停开关
马达上电
模式选择开关
安全链状态指示灯
示教器接口
以太网服务端口
供电单元
主计算机单元
工业SD存储卡
预装第三方工业总线适配器
机器人驱动单元
外轴驱动单元
IO单元安装位置
前挡板

图 1-11　标准柜控制内部结构

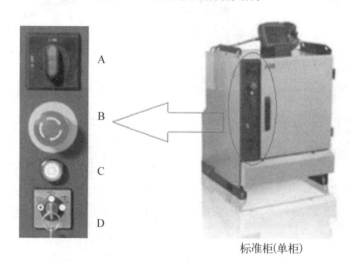

标准柜(单柜)

图 1-12　控制柜按钮开关

A 为主电源开关;B 为急停开关;C 为通电/复位按钮;D 为模式选择开关

C. 通电/复位按钮:将机器人切换到自动运行状态时,需要通过此按钮来对机器人进行上电操作;当急停开关按下又拔起之后,需要通过此按钮来复位机器人系统到正常状态;

D. 模式选择开关:钥匙开关,用来切换机器人状态,从左到右依次是:自动/限速手动/全速手动。

3)示教器

示教器是人机交互单元,它是进行机器人手动操纵、程序编写、参数配置和监控用的手持装置,是最常用的控制装置。示教器基于人体工学设计,包括触摸屏、急停按钮、动态图形界面、使能按钮和三维度摇杆控制。ABB 机器人示教器外观如图 1-13 所示。

3. ABB IRB120 工业机器人连接

IRB120 是 ABB 公司于 2009 年 9 月推出的最小机器人，也是速度最快的六轴机器人，是 ABB 新型第四代机器人家族的最新成员。IRB120 机器人具有敏捷、紧凑、轻量的特点，控制精度与路径精度具优，是物料搬运与装配应用的理想选择。IRB120 机器人仅重 25 kg，荷重 3 kg（垂直腕为 4 kg），工作范围达580 mm，手腕中心点工作范围如图 1-14 所示。

图 1-13　示教器

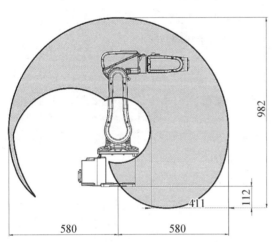
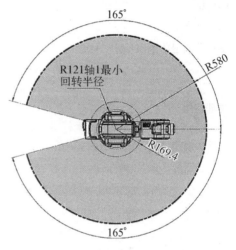

图 1-14　IRB120 工作范围

IRB120 机器人的最大工作行程为 411 mm，底座下方拾取距离为 112 mm，广泛适用于电子、食品饮料、机械、太阳能、制药、医疗、研究等领域。

为缩减机器人所占用的空间，IRB120 机器人可以任何角度安装在工作站内部、机械设备上方或生产线上其他机器人的近旁。机器人第 1 轴回转半径极小，更有助于缩短与其他设备的间距。

IRB120 机器人的具体参数，如表 1-2 所示。

表 1-2　IRB120 机器人主要技术参数

规格型号				运　动		
	工作范围	有效荷重	手臂荷重	轴运动	工作范围	最大速度
IRB120-3/0.6	580 mm	3 kg	0.3 kg	轴 1 旋转	$-165°\sim+165°$	$250°/s$
特征				轴 2 手臂	$-110°\sim+110°$	$250°/s$
集成信号源	手腕设 10 路信号			轴 3 手臂	$-90°\sim+70°$	$250°/s$
集成气源	手腕设 4 路气路(5bar)			轴 4 手腕	$-160°\sim+160°$	$320°/s$

（续表）

规格型号	运 动					
	工作范围	有效荷重	手臂荷重	轴运动	工作范围	最大速度
重复定位精度	0.01 mm			轴 5 弯曲	$-120°\sim+120°$	$320°/s$
机器人安装	任意角度			轴 6 翻转	$-400°\sim+400°$	$420°/s$
防护等级	IP30			性能（1 kg 拾料节拍）		
控制器	IRC5 紧凑型/IRC5 单柜或面板嵌入式			25 mm×300 mm×25 mm		0.58 s
电气连接				TCP 最大速度		6.2 m/s
电源电压	200～600 V，50/60 Hz			TCP 最大加速度		28 m/s²
额定功率				加速时间 0～1 m/s		0.07 s
变压器额定功率	3.0 kVA			环境（机械手环境温度）		
功耗	0.25 kW			运行中		$+5℃(41℉)$ 至 $+45℃(122℉)$
物理特性				运输与储存		$-25℃(-13℉)$ 至 $+55℃(131℉)$
机器人底座尺寸	180 mm×180 mm			短期		最高 $+70℃(158℉)$
机器人高度	700 mm			相对湿度		最高 95%
重量	25 kg			噪声水平		最高 70 dB
辐射	EMC/EMI 屏蔽			安全性		安全停、紧急停、2 通道安全回路检测、3 位启动装置

下面以 IRB120 机器人为例，选择 IRC5_Compact 紧凑型控制柜，进行机器人本体与控制柜之间的连接。

IRC5 控制系统包括：主电源、计算机供电单元、计算机控制模块（计算机主体）、输入/输出板、Customer connections（用户连接端口）、FlexPendant 接口（示教盒接线端）、轴计算机板、驱动单元（机器人本体、外部轴）。IRC5 控制柜外观如图 1-15 所示。

IRB120 机器人底座接口如图 1-16 所示。

机器人硬件连接主要包含电动机动力电缆、转数计数器电缆和用户电缆的连接。电动机动力电缆分别接在机器人底座接口和控制柜接口，即 IRB120 机器人底座 A 接口与控制柜 H 接口。转数计数器电缆分别接在机器人本体底座接口和控制柜接口，IRB120 机器人底座 B 接口和控制柜 G 接口。用户电缆主要用于机器人手部的传感器信号的连接。

4．ABB 工业机器人开关机基本操作

1）开机

当确认工作电压正常后，打开控制柜电源开关，当示教器界面显示（见图 1-17）画面时，表示设备正常开机成功，可以进行手动操纵。

图 1 - 15　IRC5 控制柜背面接口

A 为急停按钮；B 为模式开关；C 为电机启动/复位按钮；D 为制动闸释放按钮（危险,使用后机器人抱闸松开,勿擅动）；E 为示教器接线端口；F X41 为信号电缆连接器（重载连接器）；G XS2 为信号电缆连接器；H XS1 为电源电缆连接器；I 为电源开关；J XS0 为电源输入连接器

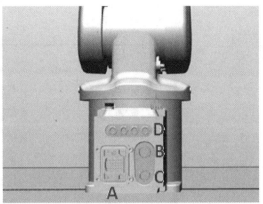

图 1 - 16　底座接口

A 为电动机动力电缆接口；B 为转数计数器电缆接口；C 为用户电缆接口；D 为压缩空气接口

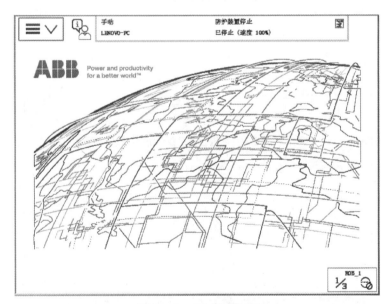

图 1 - 17　开 机 界 面

2) 关机

单击示教器界面中的主菜单 ☰∨ 按钮,出现下拉菜单,如图 1 - 18 所示。

选择“重新启动”选项,出现图 1 - 19 所提示的界面。

单击“高级”按钮,出现图 1 - 20 所示的重新启动选项界面。

选择“关闭主计算机”选项,然后单击“下一个”按钮。出现图 1 - 21 提示的界面。待示教器关机完成,再关闭控制柜电源开关。

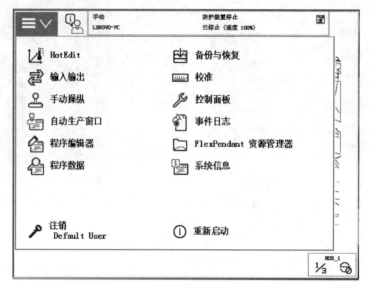

图 1-18　示教器主菜单

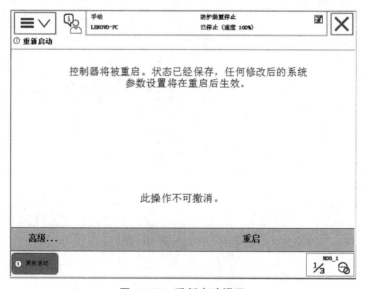

图 1-19　重新启动提示

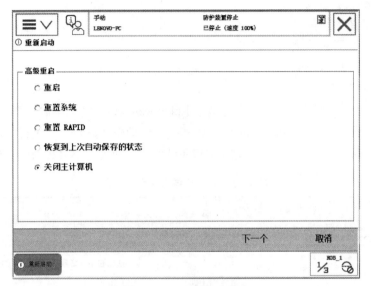

图 1‒20 重新启动选项

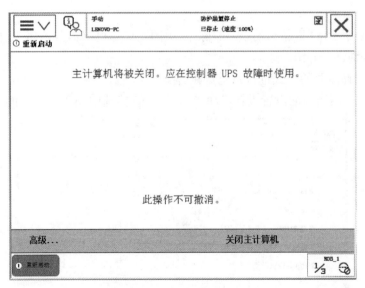

图 1‒21 关 机 提 示

3）重启动系统

如果ABB机器人系统长时间无人操作,无须定期重新启动运行系统。但当出现以下情况时,需要重新启动机器人系统:

（1）安装了新的硬件。

（2）更改了机器人系统的配置参数。

（3）出现系统故障（SYSFAIL）。

（4）RAPID程序出现故障。

重新启动系统类型如表1-3所示。由于RobotWare版本不同,重启动类型的名称有所区别。图1-22～图1-31是RobotWare6.06版本的重启动操作过程。当进行"重置系统"和"重置RAPID"操作时,要非常小心,因为它会造成系统的程序或者全部参数的清空和删除。

表1-3 ABB机器人重启动类型

重启动类型		说　明
RobotWare6.1以前版本	RobotWare6.1(含6.1)后版本	
热启动	重启	使用当前的设置重新启动当前系统
关机	关闭计算机	关闭主机
B-启动	恢复到上次自动保存状态	重启并尝试回到上一次的无错状态,通常在出现系统故障时使用
P-启动	重置RAPID	重启并将用户加载的RRPID程序全部删除
I-启动	重置系统	重启并将机器人系统恢复到出厂状态

在图1-20所示的"重新启动"界面,除了"关闭主计算机"外,其他每个高级重启的含义不一样,下面分别进行介绍。

我们可以选择需要的方式进行系统重新启动。

（1）重启。使用当前的设置重新启动当前系统,直接选中图1-22中的"重启"选项,单

图1-22 重启选项

击"下一个"按钮,即可重新启动系统。

（2）恢复到上次自动保存的状态。选择图1-22重新启动界面中的"恢复到上次自动保存的状态",如图1-23所示。继续单击"下一个"按钮。

图 1-23　恢复到上次自动保存的状态

此时出现图1-24提示画面。

图 1-24　提 示 界 面

重启后可将对机器人配置所做的更改恢复到以前的某个正常状态。这种重启方式仅适用于真实控制器。

（3）重置系统。选择图1-22重新启动界面中的"重置系统"选项后,如图1-25所示。单击"下一个"按钮,就会出现图1-26提示的界面。

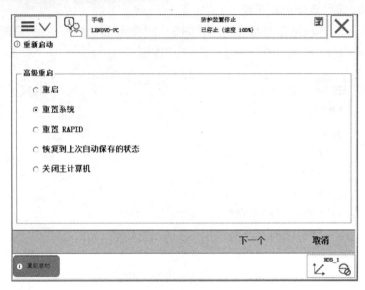

图 1-25　重　置　系　统

重置系统后使用当前系统,并恢复默认设置。这种重启会丢弃对机器人配置所做的更改。当前系统将恢复到刚安装到控制器上时的状态。这种重启会删除所有 RAPID 程序、数据和添加到系统的自定义配置,大家要谨慎操作。

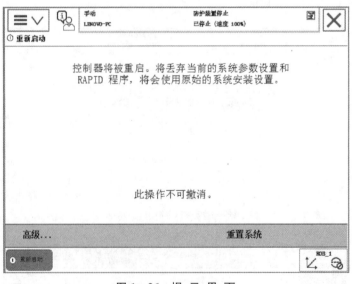

图 1-26　提　示　界　面

(4) 重置 RAPID。选择图 1-22 重新启动界面中的"重置 RAPID"选项后,如图 1-27所示。继续单击"下一个"按钮。出现图 1-28 所提示的界面,大家要谨慎操作。

重置 RAPID 是用当前系统重启控制器,然后重新安装 RAPID。这种重启将删除所有RAPID 程序模块。当对系统进行更改并导致程序不再有效,如程序使用的系统参数被更改时,这种重启将非常有用。

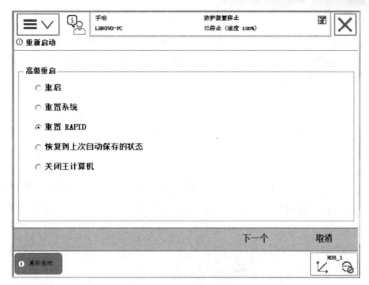

图 1 - 27　重置 RAPID

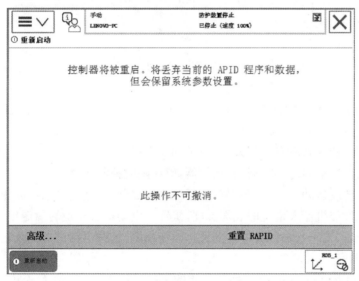

图 1 - 28　提 示 界 面

5. 操作安全注意事项

无论何种品牌的工业机器人,都有一定的操作规程。操作规程既能保证操作人员的安全,也能保证工业机器人等设备的安全,同时也是保证产品质量的重要保障。正确操作机器人,可以充分发挥机器人的优越性,减少因为使用不当造成的机器人损坏,尤其对于初学者更为重要。操作人员在初次操作工业机器人时,必须认真阅读工业机器人的使用说明书,按照操作规程进行正确的操作。

操作机器人或者机器人系统的安全原则和规程如下:

1) 关闭总电源

在机器人的安装、维护、保养时一定要将总电源开关关闭,不允许带电操作。

2）现场与机器人保持足够的安全距离

⚠ 在调试和运行机器人时,它可能会执行某些意外的不规范的动作。机器人的运动会产生很大的力量,会伤害操作人员或者损坏机器人工作范围内的其他设备。在操作现场要注意与机器人保持足够的安全距离。

3）避免静电放电危害

⚠ 静电放电(electrostatic discharge,ESD)是在工业机器人使用中存在,静电放电可能会损坏敏感的电子设备,所以要做好静电放电防护工作。

4）紧急停止

⚠ 紧急停止优先于其他操作的控制,紧急停止会立即断开机器人电动机的驱动电源,停止所有的运转,并且切断机器人控制系统的控制电源。当现场出现以下情况时,请立即按下紧急停止按钮。

（1）机器人运行中,工作区域内有工作人员。

（2）机器人伤害了工作人员或者损坏了机器。

5）灭火

⚠ 当电气设备(机器人或控制器)发生火灾时,使用二氧化碳灭火器。切勿使用水或者泡沫灭火器。

6）工作中的安全

⚠ 警告！机器人在运行中会产生很大的力度,运行中的停顿或者停止都会产生危险。即使可以预测运动轨迹,但是外部信号有可能会改变操作,可能在没有任何警告的情况下,产生预想不到的运动。因此,当操作人员进入保护空间时,必须遵守所有的安全条例。

（1）如果在保护空间内有工作人员,请手动操作机器人系统。

（2）当进入保护空间时,请准备好示教器,以便随时控制机器人。

（3）注意旋转或运动的工具,确保在接近机器人之前,这些工具已经停止运动。

（4）注意工件和机器人系统的表面温度,机器人电动机长期运转后温度会很高。

（5）注意液压、气压系统以及带电部件。即使断电,这些电路上的残余电量也很危险。

7）示教器的安全

ⓘ 示教器(FlexPendant)是一种高品质的手持式终端,它配备了高灵敏度的一流电子设备。为了避免操作不当引起的故障或者损害,在操作时应该遵守以下说明:

（1）小心操作,不能摔打、抛掷或者重击示教器,这样会导致示教器的损坏或故障。在不使用时,将示教器挂在专门的支架上,以防止意外掉在地上。

（2）示教器的使用和存放应避免被人踩踏到电缆。

（3）切勿使用尖锐利器操作触摸屏,这样可能会使触摸屏受损,应用手指或者触摸笔操作示教器触摸屏。

（4）定期清洁触摸屏,应使用软布用水或中性清洁剂进行清洁。勿使用溶剂和洗涤剂或擦洗海绵清洁示教器。

（5）没有连接USB端口时,务必盖上USB端口保护盖。如果端口暴露在灰尘中,那么会导致中断或者发生故障。

8）手动模式下的安全

(!) 在手动模式操作下,机器人只能减速操作。在安全保护空间内工作,应当始终以手动速度进行操作。手动模式下,机器人以预定程序速度移动。手动安全速度模式仅用于所有人员都位于安全保护空间之外,操作人员必须经过特殊训练,熟知潜在的危险。

9）自动模式下的安全

(!) 自动模式用于在生产中运行机器人程序。ABB机器人控制器有4个安全保护机制,分别为常规模式安全保护停止(GS)、自动模式安全保护停止(AS)、上级安全保护停止(SS)和紧急停止(ES),如表1-4所示。

表1-4　安全保护机制

安　全　保　护	保　护　机　制
GS	在任何操作模式下都有效
AS	在自动操作模式下有效
SS	在任何操作模式下都有效
ES	在急停按钮被按下才有效

（1）机器人紧急停止ES安全保护机制应用示例。

操作方法：当3—4之间断开后,机器人进入急停状态,1—2的NC触点断开。

连接说明（见图1-29）：

① 将X1和X2端子的第3脚的短接片剪掉；

② ES1和ES2分别单独接入NC无源接点；

③ 如果要输入急停信号,就必须同时使用ES1和ES2。

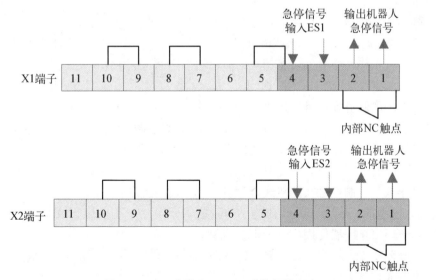

图1-29　ES急停下X1、X2连接保护示意

（2）机器人自动模式下AS安全保护机制应用示例。

操作方法：当5~6、11~12之间断开时,在自动状态下的机器人进入自动模式安全保护停止状态。

连接说明（见图 1-30）：

① 将第 5、第 11 脚的短接片剪掉；

② AS1 和 AS2 分别单独接入 NC 无源接点；

③ 如果要接入自动模式安全保护停止信号，就必须同时使用 AS1 和 AS2。

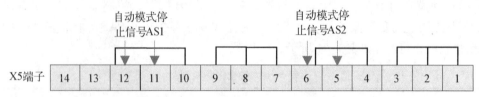

图 1-30　AS 急停下 X5 连接保护示意

 习　题

1. 填空题

（1）工业机器人的结构是由＿＿＿＿＿、＿＿＿＿＿和＿＿＿＿＿三个基本部分组成。

（2）机器人示教器包括触摸屏、急停按钮、动态图形界面、＿＿＿＿＿以及三维度摇杆控制。

（3）一个基本的工业机器人工作站包含＿＿＿＿＿及其工作对象。

（4）工业机器人驱动系统分为＿＿＿＿＿、＿＿＿＿＿、＿＿＿＿＿三种以及它们结合起来应用的综合系统。

2. 单选题

（1）机器人示教器在不使用时应该放置在（　　　）。

A. 示教器支架　　　　　　　　B. 地上　　　　　　　　C. 机器人本体

（2）机器人工作站中电气设备起火时，应该使用（　　）类型的灭火器。

A. 二氧化碳　　　　　　　　　B. 水　　　　　　　　　C. 泡沫

（3）控制柜的服务端口可以用来（　　　）。

A. 以太网总线连接　　　　　B. RobotStudio 联机调试　　　C. 第三方视觉通信

（4）机器人本体底座与上臂接口之间预留的管线，一般不包括（　　　）。

A. 信号接口　　　　　　　　　B. 气路接口　　　　　　　C. DeviceNet 总线接口

（5）机器人与控制柜之间的接线，下列（　　　）不是必备的。

A. 动力电缆　　　　　　　　　B. 用户电缆　　　　　　　C. SMB 通信电缆

（6）安全门停止一般使用（　　）保护机制。

A. 紧急停止　　　　　　　　　B. 自动停止　　　　　　　C. 常规停止

（7）机器人控制系统恢复出厂设置，需要执行（　　　）。

A. 重置系统（I 启动）　　　　B. 重置 RAPID（P 启动）　　C. 关机

项目二
建立虚拟机器人工作站

 **任务目标**

（1）创建最小机器人系统：

① 机器人硬件系统创建；

② 机器人控制系统创建。

（2）导入模型库和几何体。

（3）FST 机器人工作台及系统搭建：

① 工作台硬件系统创建；

② 工作台控制系统创建。

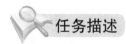 **任务描述**

RobotStudio 是一款 PC 应用软件，它提供了在计算机中进行 ABB 机器人示教器操作练习的功能，用于机器人单元的建模、离线创建和仿真，允许使用离线控制器和真实控制器。当 RobotStudio 与真实控制器一起使用时，它处于在线模式。当未连接到真实控制器或连接到虚拟控制器的情况下时，RobotStudio 处于离线模式。现在用 RobotStudio 来创建虚拟工业机器人工作站。

一个完整的机器人工作站由机器人硬件系统、机器人软件系统以及外围设备组成，本项目通过仿真软件 RobotStudio，创建和布局虚拟机器人工作站及机器人控制系统，并可利用该工作站实现工业机器人的相关操作和编程调试工作。

 **学习与实践**

1. 创建最小机器人系统

最小机器人系统包含一台 IRB120 工业机器人、工具、工件和控制器，如图 2-1 所示。

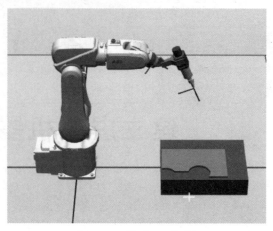

图 2-1　基 本 工 作 站

1）机器人硬件系统创建

（1）创建空工作站。双击桌面  图标按钮，打开 RobotStudio 软件，出现如图 2-2 所示的界面。

图 2-2　RobotStudio 界面

单击"文件"菜单下的"新建"按钮，选中"空工作站"后，再单击右侧的"创建"图标，或者双击"空工作站"按钮，如图 2-3 所示。

这样就可以建立一个空工作站，如图 2-4 所示。

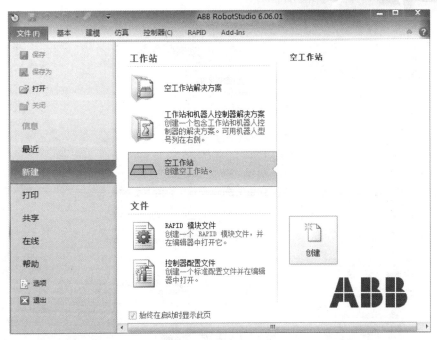

图 2-3　创建空工作站

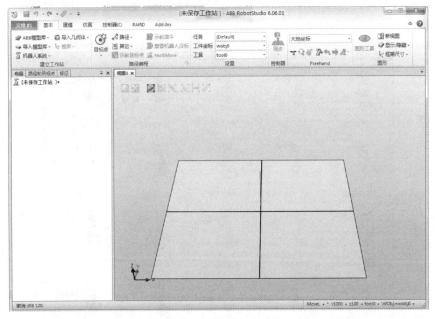

图 2-4　空 工 作 站

在图 2-4 中,背景是蓝色的,为了方便使用者观看舒适,可以更改一些设置。单击图 2-4 中"文件"菜单下的"选项"按钮,如图 2-5 所示。

在"外观"选项中可以对语言、主题颜色等相关内容进行设置,根据需要选择主题颜色,改变软件界面外观。RobotStudio 软件的用户文档默认保存位置为我的文档,如需改变文件的保存位置,可单击"文件与文件夹"按钮进行修改,方便寻找。

图 2-5 选 项 界 面

（2）导入机器人。在"基本"菜单栏下的"ABB 模型库"中，提供了几乎所有的 ABB 机器人产品模型作为仿真使用，如图 2-6 所示。

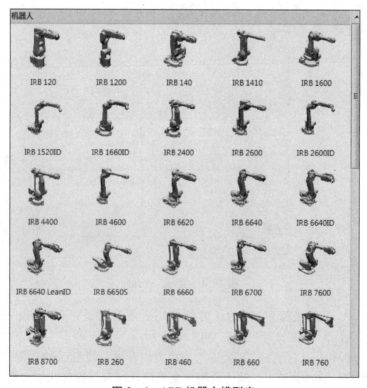

图 2-6 ABB 机器人模型库

在"ABB 机器人模型库"中,选中"IRB120"工业机器人并单击,如图 2-7 所示。

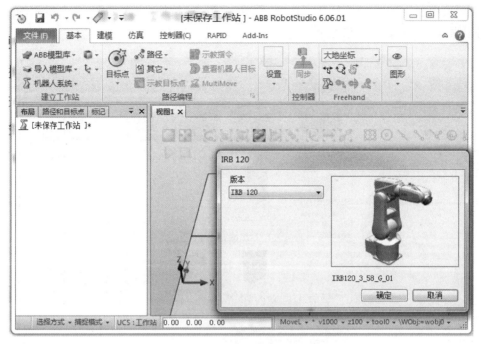

图 2-7 选择 ABB IRB120 机器人模型

单击对话框中的"确定"按钮,在工作站中出现了 IRB120 机器人模型,如图 2-8 所示。

图 2-8 添加 IRB120 机器人模型

（3）加载机器人工装设备和工件。RobotStudio 软件设备库提供一些常用的标准机器人工装设备,包括 IRC 控制柜、弧焊设备、输送链、其他、工具和 Training Objects 大类。选择"基本"菜单栏中的"导入模型库"选项,再单击"设备"按钮,出现如图 2-9 所示的工装设备,可以根据选取所需的工装设备。

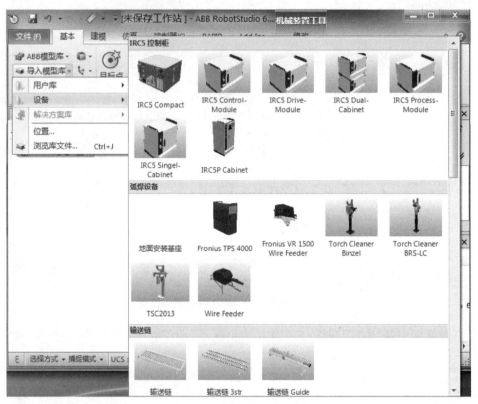

图 2-9　ABB 模型库设备

将右边的滚动条向下拉,出现"Training Objects"选项,如图 2-10 所示。

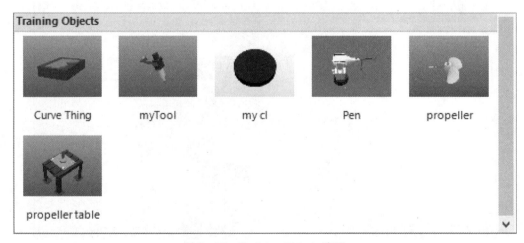

图 2-10　Training Objects 选项

单击"myTool"按钮，于是就添加好了"myTool"。"Curve Thing"的添加方法同"myTool"。设备添加完成，如图2-11所示。

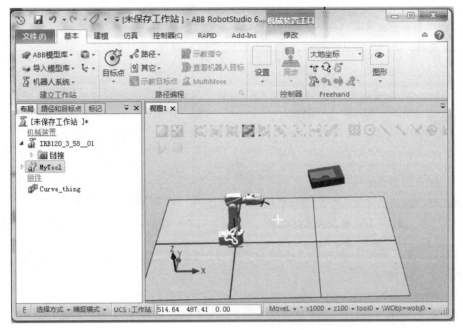

图2-11　添　加　设　备

（4）安装工具"MyTool"到机器人。

方法一：在图2-11左侧的布局窗口中，选中"MyTool"并右击，出现如图2-12所示的界面。

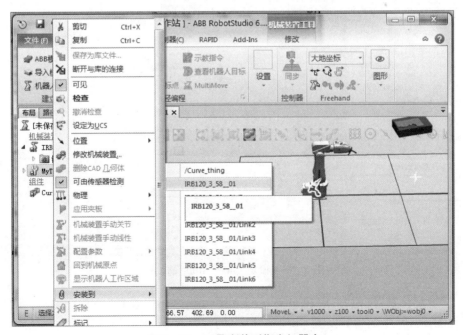

图2-12　工具安装到指定机器人

单击"安装到"按钮,选择"IRB120_3_58_01"机器人,于是出现如图 2 - 13 所示的更新位置对话框。

方法二:在布局窗口中选择"MyTool"选项后,拖动鼠标左键,直接将"MyTool"拖拽到 IRB120 机器人上,也会出现图 2 - 13 所示的更新位置对话框。

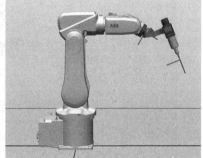

图 2 - 13 更新位置对话框   图 2 - 14 "MyTool"装在法兰盘上

在更新位置对话框中单击"是"按钮。于是"MyTool"工具就安装到 IRB120 机器人法兰盘上,如图 2 - 14 所示。

(5)设置 Curve_ thing 的位置。完成"MyTool"安装后,"Curve_ thing"的位置并不理想,选择左侧窗口中的"Curve_ thing"选项并右击,在弹出窗口中依次选择"位置"和"设定位置"选项,如图 2 - 15 所示。

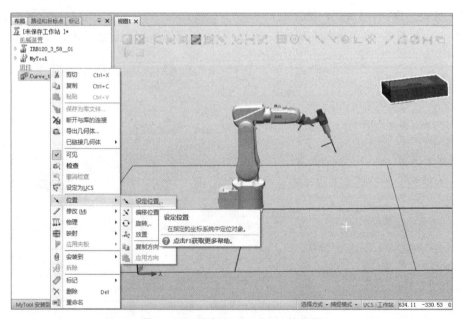

图 2 - 15 设定 Curve_ thing 的位置

单击"设定位置"按钮后,出现如图 2 - 16 所示界面,可以设置"Curve_ thing"的位置参数。根据图 2 - 17 中的参数设置 Curve_ thing 的位置参数,单击"应用"按钮。至此,一个最简单的工业机器人工作站系统硬件搭建完成,如图 2 - 18 所示。

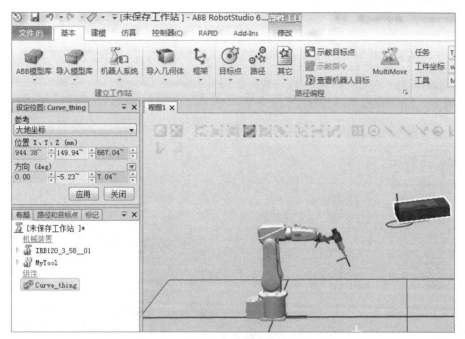

图 2‑16　设定 Curve_ thing 位置坐标

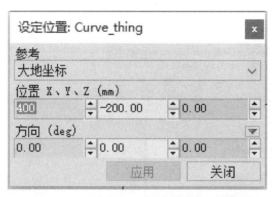

图 2‑17　修改 Curve_ thing 位置坐标参数

为了方便使用者移动画面、改变画面大小或者改变观看角度,推荐使用快捷键操作移动画面。画面的平移是"Ctrl＋鼠标左键",画面的缩放是"鼠标滚轮前进或者后退",画面三维旋转是"Ctrl＋Shift＋鼠标左键"。

机器人工作站硬件系统创建完成后,然后创建它的控制系统。

2) 创建机器人控制系统

单击工具栏中的"机器人系统"按钮,选择"从布局"选项,创建控制系统,如图 2‑19 所示。

图 2‑20 是单击"从布局"后显示的"从布局创建系统"界面,可以修改机器人控制系统的名称,设定保存位置。如果安装了多个 RobotWare 版本,则需要选择 RobotWare 版本。

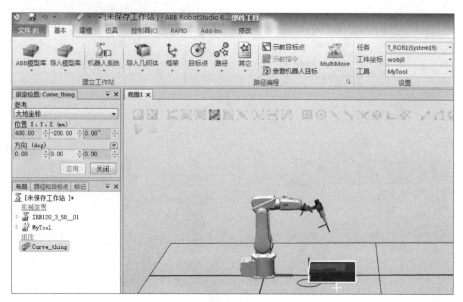

图 2-18 工业机器人工作站硬件系统

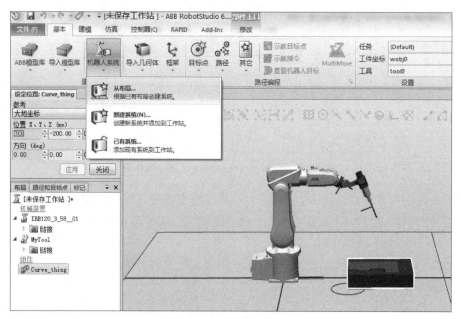

图 2-19 "从布局"界面

图 2 - 20　设置系统名字和位置

继续单击"下一个"按钮,选择"IRB120_3_58_01"机器人,如图 2 - 21 所示。

图 2 - 21　选择系统的机械装置

继续单击"下一个"按钮,弹出"从布局创建系统"界面,如图 2 - 22 所示。

单击图 2 - 22 中的"选项"按钮,进入更改选项界面,如图 2 - 23 所示。选择"类别"菜单下"Default Language"选项,选择右侧的"Chinese"(中文)作为默认语言。

图 2‑22 系统选项

图 2‑23 默认语言设置为 Chinese

单击"类别"菜单下的"Industrial Networks"按钮,选择右侧的"709－1 DeviceNet Master/Slave"作为工业网络,如图 2-24 所示。

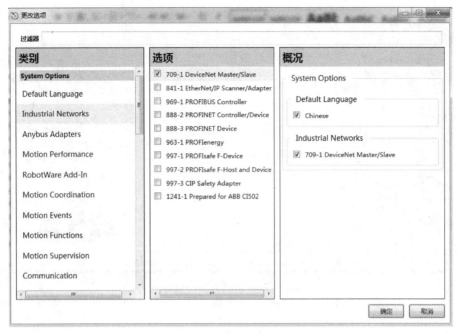

图 2－24　选择总线选项

选择完成后,单击"确定"按钮,回到如图 2-22 所示的"从布局创建系统"界面。单击图 2-22 中的"完成"按钮后,控制器状态呈红色,表示系统在创建中,如图 2-25 所示。

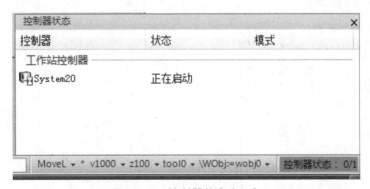

图 2－25　控制器状态为红色

当控制器状态变为绿色时,控制系统就创建完成了。单击"文件"菜单中的"信息"按钮,可以查看机器人系统的相关信息,如图 2-26 所示。

单击"保存工作站"按钮,将工作站以"XM2_1.rsstn"文件名保存,如图 2-27 所示。

如果工作站需要在其他电脑上使用,还可以将工作站、控制系统等文件进行打包。单击图 2-26 中"共享"选项,如图 2-28 所示。选择"打包",出现对话框,如图 2-29 所示。

在图 2-29 中,单击"浏览"按钮,选择保存位置,将文件名以"XM2_1.rspag"进行保存。

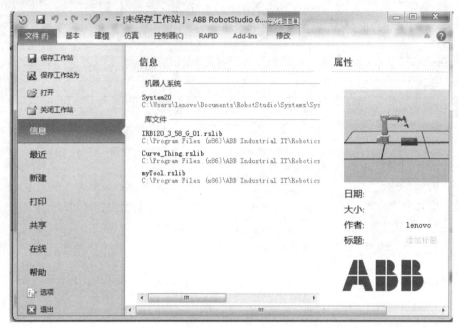

图 2 - 26 机器人系统信息

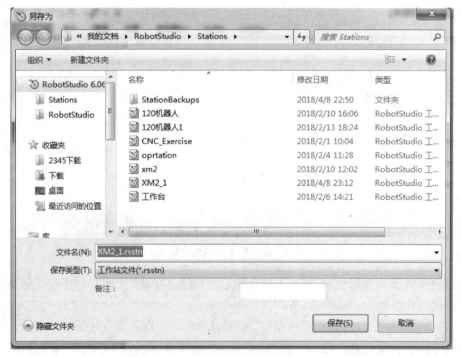

图 2 - 27 保存工作站

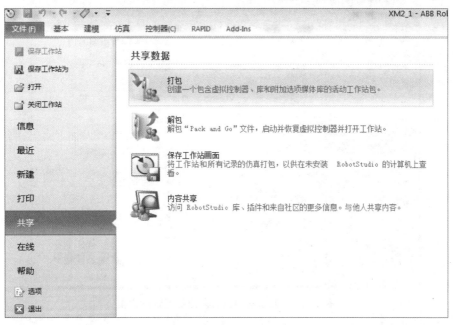

图 2-28　选 择 打 包

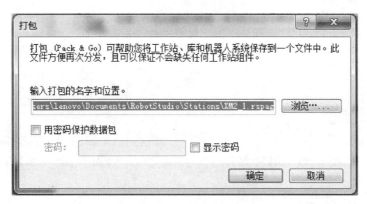

图 2-29　工 作 站 打 包

除了前面介绍的机器人系统创建方法,下面介绍第二种创建机器人系统的方法。在如图 2-2 所示的文件菜单窗口下面的"新建",双击"新建"右边的"工作站和机器人控制器解决方案"按钮,或者选中"工作站和机器人控制器解决方案"选项,单击右边的"创建"按钮,也可以创建机器人工作站,如图 2-30 所示。

在图 2-31 中选择机器人"IRB120_3_58_G_01"选项,单击"确定"按钮,这样机器人和控制系统就创建好了。

系统创建完成后如果需要更改系统选项,在控制器菜单下的"修改选项",进行系统选项的更改,如图 2-32 所示。

或者在控制器窗口右击"控制器"按钮,出现如图 2-33 所示的界面。选择"修改选项",可以更改系统选项了。

图 2‑30　工作站和机器人控制器解决方案

图 2‑31　选择机器人　　　　　　　图 2‑32　控制器下的修改选项

图 2‑33　控制器修改选项

2. 导入模型库和几何体

RobotStudio 软件中可以使用的三维模型，主要内容包含：ABB 模型库文件、用户库文件和几何体文件，RobotStudio 库文件格式为 .rslib。ABB 模型库主要存放 ABB 的各类机器人模型、变位机、导轨模型和设备库文件。模型库文件存放于 RobotStudio 软件安装路径下的 ABB Industrial IT/Robotics IT/RobotStudio 6.06/ABB Library 文件夹中，用户可在基本菜单 ABB 模型库和导入模型库中的设备选项中调用模型，如图 2-6 和图 2-9 所示。

用户几何体文件通常是由其他软件创建的三维模型。目前可使用的三维模型的格式包含 .sat、.igs、.stp、.vda、.model、.catpart、.ipt、.prt 等，它们位于用户文档的 Geometry 文件夹中。如果将创建的三维模型拷贝至该文件夹下，在"基本"菜单下的"导入几何体"选项中的"用户几何体"中就可以调用，如图 2-34 所示。如果需要调用其他位置的几何体，可在该选项中选择"浏览几何体"选项，然后选择几何体文件所在的文件夹。

图 2-34　用户几何体界面

查看各文档位置，可以单击"基本"菜单下的"导入几何体"按钮，选择"位置"选项并单击，如图 2-35 所示。

名称	类型	URL	过滤器	缩略图	搜索
用户库	文件系统	[用户文档]\Libraries	*.rslib	Menu	是
用户几何体	文件系统	[用户文档]\Geometry	*.sat;*...	Menu	是
ABB模型库	文件系统	[ABB模型库]	*.rslib	Flat	是
解决方案...	文件系统		*.rslib	Menu	是
解决方案...	文件系统		*.sat;*...	Menu	是
RobotApps	在线	https://robotapps.robotstudio.com/ap...	*.rslib;...	None	是

图 2-35　文 档 位 置

1) 导入模型库

导入 ABB 模型库文件方法相对简单，单击"基本"菜单下的"导入模型库"按钮，选择"设备"选项并单击，然后选择所需用的模型即可，如图 2-36 所示。

现在为最小机器人工作站系统添加外围的安全围栏，完成后的效果如图 2-37 所示。围栏选用了设备库中的 3 个"Fence 2500"和 2 个"Fence 740"设备。

图 2-36 导入模型库

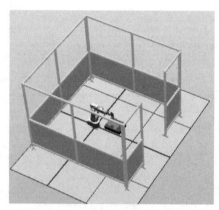

图 2-37 具有安全围栏的机器人系统

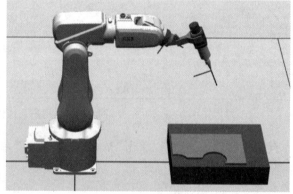

图 2-38 最小机器人系统

打开的 XM2_1.rsstn 文件或解压 XM2_1.rspag 文件,出现如图 2-38 所示的最小机器人系统。

在"导入模型库"菜单下选择"设备"选项并单击,在"其他"里找到"Fence 2500",然后将一块"Fence 2500"调入工作站,如图 2-39 所示。

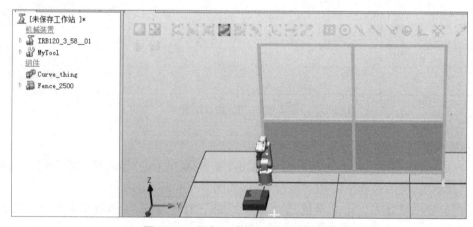

图 2-39 添加一个"Fence 2500"模型

选中左侧布局窗口中的"Fence 2500"右击,找到"位置"并单击,单击"设定位置"按钮。按照如图 2-40 所示的数据修改位置参数。

图 2-40　设定位置参数

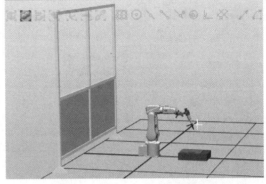

图 2-41　"Fence 2500"模型新位置

参数设定完成后,围栏"Fence 2500"的位置调整如图 2-41 所示。大家可以对比图 2-39 和图 2-41 中的"Fence 2500",发现围栏的位置按照要求发生了移动。

其余围栏的位置和旋转角度请读者自行完成。

2) 导入几何体

将如图 2-42 所示的 Table_Propeller 几何体模型导入。

拷 贝 教 材 素 材 项 目 二 中 的 几 何 体 Table_Propeller 至用户文档的 Geometry 文件夹下,单击"导入几何体"中的"用户几何体"按钮,选中单击  按钮即可,如图 2-43 所示。

图 2-42　Table_Propeller 模型

图 2-43　导入用户几何体

或者通过"导入几何体"中的"浏览几何体",找到"Table_Propeller"所在的文件夹,并单击"Table_Propeller.sat"按钮,然后选择"打开"选项,如图 2-44 所示。

选择图 2-44 中的"Table_Propeller"模型,单击"打开"按钮,就添加好了,"Table_Propeller"模型,如图 2-45 所示。并另存为 XM2_2.rsstn 文件和打包文件 XM2_2.rspag。

3) 库文件及几何体常用操作

右击库文件或者几何体,出现库文件和几何体的常用操作,如图 2-46 所示。

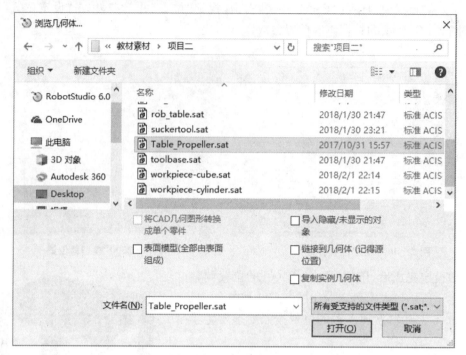

图 2-44　浏 览 几 何 体

图 2-45　Table_Propeller 添加完成

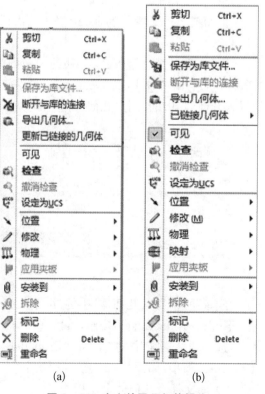

(a)　　　　　　(b)

图 2-46　库文件及几何体操作

（a）库文件操作；（b）几何体操作

库文件可以导出该模型的三维模型数据并保存,几何体也可以存为.rslib 格式的库文件,作为用户库使用。

图 2-46 中的"可见"选项可以隐藏或者显示模型,"位置"选项主要用于设定模型在工作站中的位置,如图 2-47 所示。还可以对颜色、本地原点等进行设置,如图 2-48 所示。

图 2-47 位置选项

图 2-48 修改选项

下面对 XM2_2.rsstn 文件中的 Table_Propeller 和 Curve_thing 进行颜色和位置的设定,效果如图 2-49 所示。

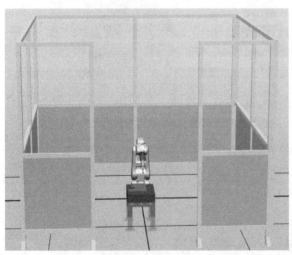

图 2-49 修改设置后的机器人系统

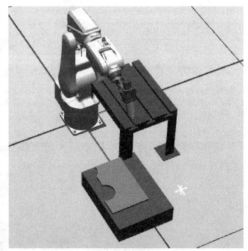

图 2-50 隐藏围栏后的系统

（1）打开 XM2_2.rsstn 文件或解包 XM2_2.rspag 文件。为了方便观察,将布局窗口组件下的 5 个围栏全部隐藏,隐藏围栏后的系统,如图 2-50 所示。

（2）在布局窗口中,选择"Table_Propeller"选项,右击,找到"修改"选项下的设定颜色,将 Table_Propeller 颜色修改为绿色。

（3）下面完成 Table_Propeller 位置的设置。找到"位置"选项下的"设定位置",在弹出的设定位置中,按如图 2-51 所示参数设定 Table_Propeller 的位置。设置完成后,效果如图 2-52 所示。

（4）为了便于操作,选中 Curve_thing 后,单击 Freehand 工具栏中的移动工具 按钮（见图 2-53）,出现如图 2-54 所示的拖放箭头,可以进行 Curve_thing 模型的拖放操作。

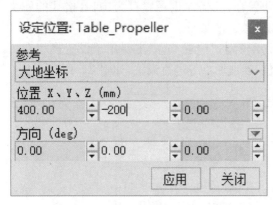

图 2-51　设定 Table_Propeller 位置

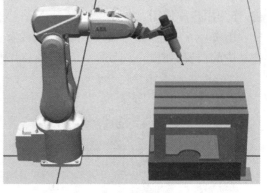

图 2-52　设定完成

图 2-53　Freehand 工具

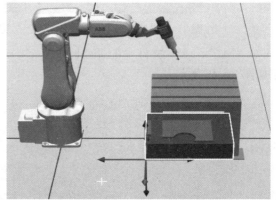

图 2-54　Curve_thing 模型拖放操作

沿本地坐标方向将 Curve_thing 模型移动至合适位置,效果如图 2-55 所示。

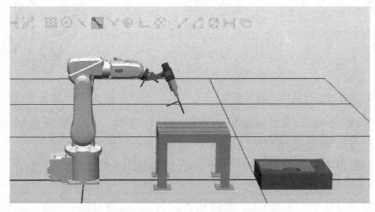

图 2-55　Curve_thing 模型拖拽到合适位置

(5) 将 Curve_thing 精确放置到 Table_Propeller 上,具体操作如下。

选择"Curve_thing"并右击,选中"位置",单击"放置"按钮,选择"三点法"选项,如图 2-56 所示。

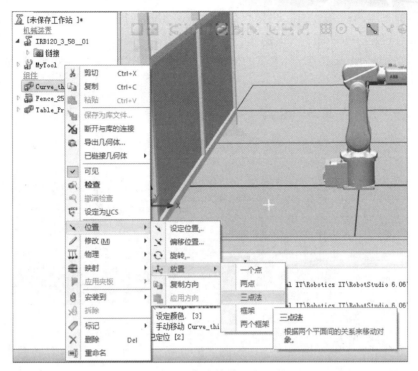

图 2 - 56　三点法放置 Curve_thing

单击图 2 - 56 中的"三点法"按钮时会弹出如图 2 - 57 所示的放置对象窗口,在此窗口进行点的设置,可用捕捉的方法进行点的捕捉,窗口中光标所在的位置表示当前正在设置的点。

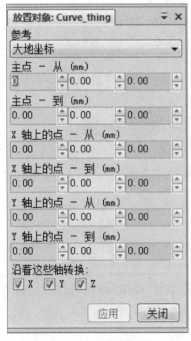

图 2 - 57　放置对象窗口

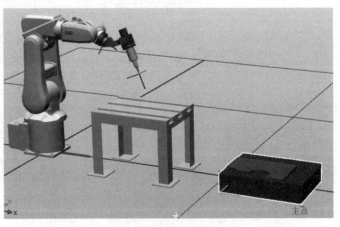

图 2 - 58　捕捉主点

单击捕捉末端图标 按钮，当鼠标靠近 Curve_thing 上的主点时，顶点上就出现一个小球，表示该点被选中，如图 2-58 所示。

捕捉到 Curve_thing 的主点，主点的坐标值自动填入图 2-59 中主点位置，光标自动跳到下一行。

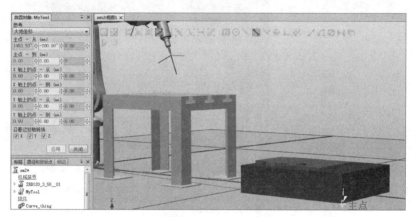

图 2-59　捕捉 Curve_thing 上的主点

接着捕捉 Table_Propeller 的主点，如图 2-60 所示。捕捉完成后，对齐两个设备的主点，主点就是要对齐的点。

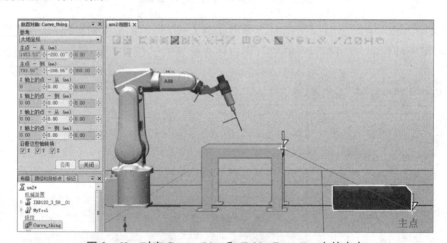

图 2-60　对齐 Curve_thing 和 Table_Propeller 上的主点

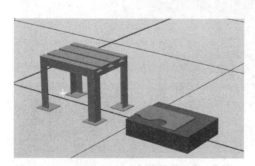

图 2-61　隐藏机器人、Fence 2500 和 MyTool

为了观看清楚，先把机器人隐藏起来，得到图 2-61 的界面。

如图 2-62 所示，按照上面的方法分别将两个物体在 X 轴方向上的点和 Y 轴方向上的点对齐，三点对齐以后，单击"应用"按钮，这样 Curve_thing 就精确放置到 Table_Propeller 上了，如图 2-63 所示。

（6）合并 Curve_thing 和 Table_Propeller 为

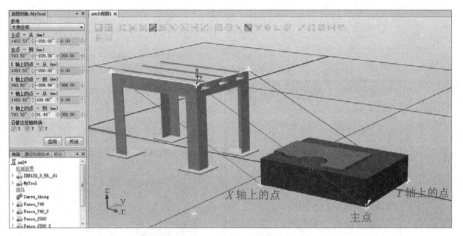

图 2 - 62 对 齐 三 点

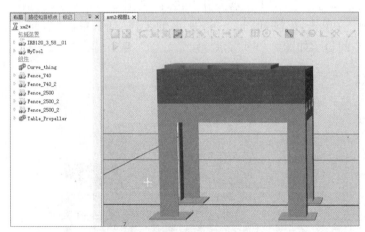

图 2 - 63 Curve_thing 放置到 Table_Propeller 上

图 2 - 64 组建组

一个组件组。单击"建模"菜单下的图标 组件组 工具后,在布局窗口出现一个"组_1"的空组件,然后用鼠标在布局窗口拖拽"Curve_thing"和"Table_Propeller"至"组_1"组件,这样 Curve_thing 和 Table_Propeller 两个模型就组成了一个组件,如图 2 - 64 所示。对"组_1"重命名,将该组件命名为"Table_group",如图 2 - 65 所示。下一步可对组件进行操作。

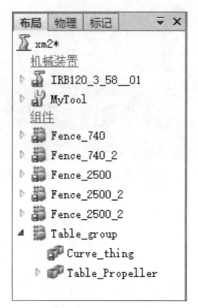

图 2-65 Table_group 组

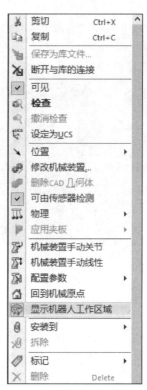

图 2-66 操作选项

为使得 Curve_thing 这个模型能在机器人工具的操作范围内，先取消机器人隐藏操作，然后显示机器人的工作区域。在布局窗口中，选中机器人并右击，出现图 2-66 所示的操作选项，选择"显示机器人工作区域"并单击，出现如图 2-67 所示的工作空间，单击"当前工具"按钮，单击"关闭"按钮，工作空间显示如图 2-68 所示。

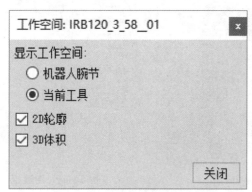

图 2-67 显示工作空间

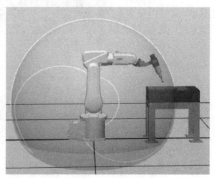

图 2-68 工作空间显示

用 Freehand 工具中的  移动 Table_group 组件，使 Curve_thing 在机器人工具的工作空间范围内，如图 2-69 所示。

最后恢复 Fence 2500、Fence 740 和 MyTool 等模型为可见，并取消"显示机器人工作区域"，最终效果如图 2-70 所示。

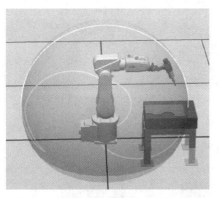

图 2-69　移动"Table_group"组件至
　　　　　工作空间范围

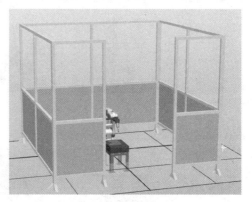

图 2-70　最终效果图

 项目实践

FST 机器人工作台及系统搭建

FST 机器人工作台是基于 ABB120 机器人的实训设备(见图 2-71),它可以进行机器人的基本操作训练。

图 2-71　工作台实物

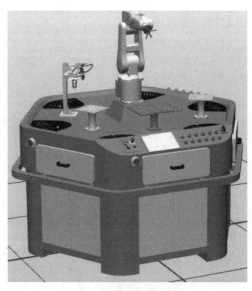

图 2-72　工作台模型

1) 搭建 FST 机器人工作台模型

利用工作台模型文件,搭建如图 2-72 的工作台模型。三维模型数据存放于\教材素材\项目二\工作台模型文件夹下,其中 FSTTool 和 FSTTool 2 已加工成 RobotStudio 软件库文件格式的文件,设好了工具坐标,可作为工具直接使用,其余为几何体文件格式。表 2-1 为文件名及其对应的模型。

表 2-1 模型对应表

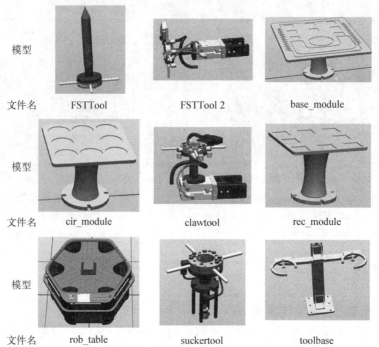

模型	FSTTool	FSTTool 2	base_module
文件名	FSTTool	FSTTool 2	base_module
模型	cir_module	clawtool	rec_module
文件名	cir_module	clawtool	rec_module
模型	rob_table	suckertool	toolbase
文件名	rob_table	suckertool	toolbase

将 FSTTool 和 FSTTool 2 这两个工具导入到 RobotStudio 软件的用户库中,其余文件导入到用户几何体中。

打开 RobotStudio 软件,在"导入模型库"菜单"用户库"里,就可以看到两个工具"FSTTool"和"FSTTool 2",如图 2-73 所示。

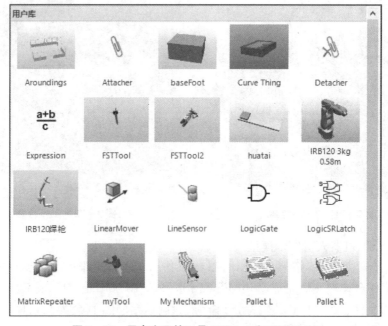

图 2-73 用户库里的工具 FSTTool 和 FSTTool 2

工作台的其他模型在"用户几何体"中可见,如图2-74所示。

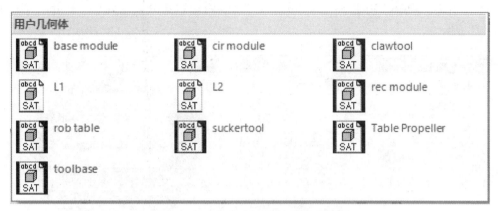

图2-74 "用户几何体"中的其他模型

在"用户几何体"中,单击"rob_table"图标,工作平台就添加好了,如图2-75所示。

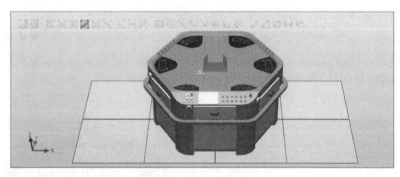

图2-75 工作平台

2) 安装IRB120机器人

下一步安装IRB120机器人,平台的平面高度为950 mm,IRB120机器人安装底座高度为1 065 mm,因此机器人安装位置参数(0,0,1 065),绕Z轴旋转-90°,如图2-76所示。

这样IRB120机器人就安装好了,如图2-77所示。

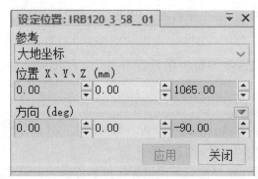

图2-76 机器人设定位置

图2-77 安装IRB120机器人

3）设定 rec_module 模型位置

单击"用户几何体"中的"rec_module.sat"按钮,将位置参数设定为(0,-468,950),如图 2-78 所示。

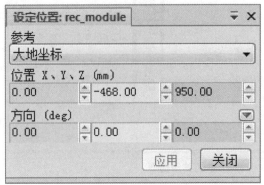

图 2-78　设置 rec_module 位置参数

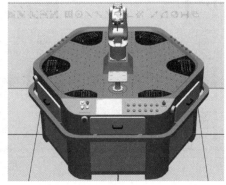

图 2-79　安装 rec_module.sat

位置参数设置好后,rec_module 模型安装就放置好了,如图 2-79 所示。

选择 rec_module"位置"中的"旋转"项,如图 2-80 所示;设定模型沿着 Z 轴旋转-60°,单击"应用"按钮,就得到如图 2-81 所示的工作台。大家可以对比图 2-79 和图 2-81 中的 rec_module 位置,很明显,rec_module 位置变化了。

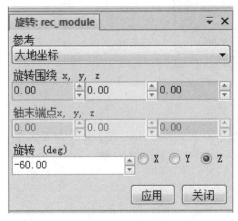

图 2-80　rec_module 沿 Z 轴旋转-60°

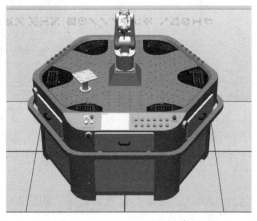

图 2-81　rec_module 旋转后的位置

4）设置 toolbase 模型位置

图 2-82 是 toolbase 模型的位置参数,按照位置参数将 toolbase 模型安装好。同样,toolbase 模型沿着 Z 轴旋转-120°,如图 2-83 所示。

5）设置 base_module 和 cir_module 位置

用同样的操作方法安装 base_module,base_module 位置参数如图 2-84 所示。

继续安装 cir_module,cir_module 位置参数如图 2-85 所示。

这样工作台的雏形就安装好了,然后在布局窗口采用鼠标拖拽的方法将 FSTTool 工具安装到机器人手臂上,最终工作台硬件系统搭建完成,如图 2-86 所示。

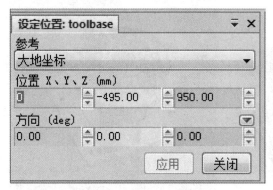

图 2‒82 toolbase 位置参数

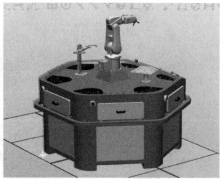

图 2‒83 toolbase 旋转后的位置

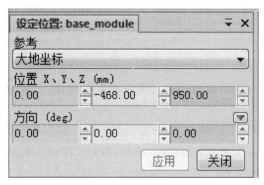

图 2‒84 base_module 位置参数

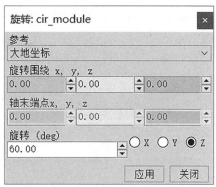

图 2‒85 设置 cir_module 位置参数

下一步是将 FSTTool2 工具放置在工具支架 toolbase 上(见图 2‒87),请读者采用放置的方法自行完成。

机器人控制系统的创建方法与最小机器人工作站一样,这里就不再一一陈述。读者完成后,将工作站保存为 FSTrob.rsstn 文件名,并打包为 FSTrob.rspag 文件名。

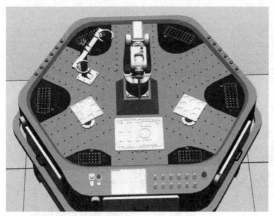

图 2-86　工作台硬件　　　　图 2-87　FSTTool2 工具放置位置

 习　题

1. 填空题

（1）RobotStudio 软件中可以使用的三维模型主要包含：ABB 模型库文件、_____文件和_____文件。

（2）一个完整的机器人工作站由_____、_____以及外围设备组成。

（3）使用 RobotStudio 软件完成机器人工作站硬件系统创建后，还要创建它的_____系统，单击"机器人系统"菜单的_____创建。

2. 单选题

（1）在软件中创建好机器人系统后，在菜单栏的（　　）中可以调出虚拟示教器。

A. 基本　　　　　　　　B. 控制器　　　　　　　　C. Rapid

（2）根据需要将工作站、控制系统等文件进行打包共享，打包文件的后缀名是（　　）。

A. .rsstn　　　　　　　　B. .rspag　　　　　　　　C. .sat

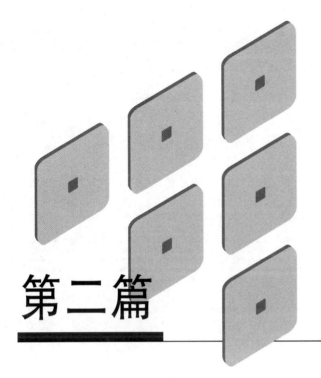

第二篇

基础操作

　　本篇主要讲解 ABB 机器人的基本操作，包括示教器的认识、机器人控制系统中语言、时间、查看事件日志、数据备份恢复等基本操作。需重点掌握 ABB 机器人手动操纵方法以及 IO 信号的配置。手动操纵有 3 种运动模式：单轴运动、线性运动和重定位运动。IO 信号配置从总线类型入手，讲解了常用的 DeviceNet 硬件以及 IO 信号的配置。

项目三
ABB 机器人示教器

任务目标

(1) 认识 ABB 示教器。

(2) 认识示教器菜单。

(3) 认识控制面板。

(4) 认识使能按钮。

(5) 认识控制杆。

任务描述

在 ABB 机器人示教器上,绝大多数的操作都是在触摸屏上完成的,同时也保留了必要的按钮和操作装置。通过 ABB 机器人示教器学习,熟悉示教器界面,掌握基本的操作。

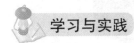

学习与实践

1. 认识 ABB 示教器

示教器也叫 Teach Pendant,简称 TP,示教器负责提供人机交互界面、编写程序、示教机器人的工作轨迹及参数设定,是进行机器人的手动操作、程序编写、参数配置以及监控用的手持装置。用户可以使用示教器进行在线编程,也可以使用集成软件进行离线编程。ABB示教器由急停按钮、液晶屏、功能按钮和使能按钮组成,如图 3-1 所示。

真实示教器的急停按钮如图 3-2 所示,示教器面板以及功能如图 3-3 所示,正确手持示教器姿势如图 3-4 所示。

ABB 机器人有 3 种模式:手动模式、自动模式和手动全速模式。手动全速模式平时不常用,这里主要介绍手动模式和自动模式。机器人手动模式下可以进行系统参数设置、程序编辑、手动控制机器人运动。自动模式下是指机器人调试好后投入运行的模式,此自动模式下示教器大部分功能被禁用。

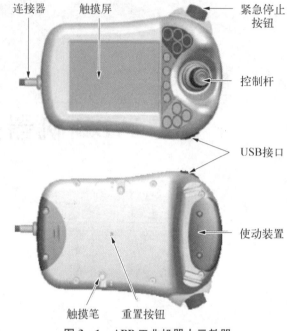

连接器　　触摸屏　　　　　　　　　紧急停止
　　　　　　　　　　　　　　　　　　按钮

控制杆

USB接口

使动装置

触摸笔　　重置按钮

图3-1　ABB工业机器人示教器

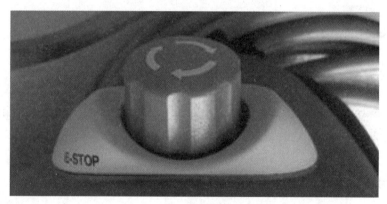

图3-2　示教器急停按钮

2. 认识示教器菜单

1）启动示教器

将机器人控制柜面板上电源开关切换到 ON 状态,控制柜通电后,示教器就可以开机启动了。

在 RobotStudio 软件中,单击"控制器"菜单下的虚拟示教器,同样可以打开虚拟示教器。示教器启动后(见图3-5),从状态栏中可以显示机器人所处状态和电机通/断电情况。

2）机器人自动/手动状态切换

通过切换控制柜面板上模式选择开关,可修改机器人工作模式。IRC 5 紧凑型控制柜上只有自动和手动两种模式,机器人从手动状态切换到自动状态时,需要在示教器上进行确认,如图3-6所示。

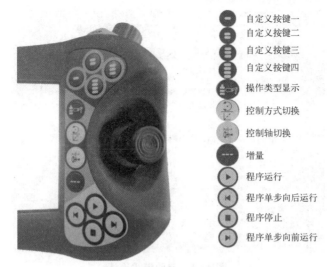

自定义按键一
自定义按键二
自定义按键三
自定义按键四
操作类型显示
控制方式切换
控制轴切换
增量
程序运行
程序单步向后运行
程序停止
程序单步向前运行

图 3-3　示教器功能按钮

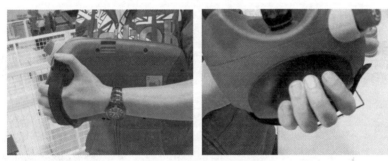

图 3-4　正确手持示教器姿势

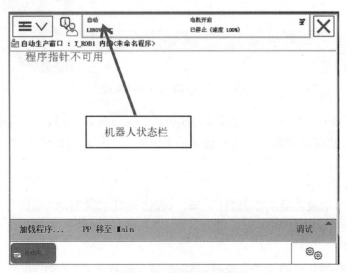

图 3-5　示 教 器 桌 面

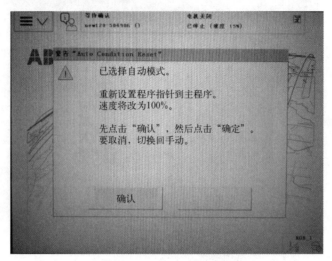

图 3-6　自动模式确认

同样,单击示教器控制杆左边的小按钮,也可以设置机器人的模式,此时我们将机器人设置为手动模式,如图 3-7 所示。

图 3-7　机器人为手动模式

另外,在软件 RobotStudio 中也可以切换机器人运行模式。图 3-8 所示的软件窗口,单击控制器菜单中的"控制面板",画面右边显示了机器人工作站的操作模式,也可以将自动模式更改为手动模式。

3) 示教器菜单

在图 3-7 中,示教器桌面左上角的 ≡∨ 标记就是示教器的"开始"按钮,它相当于电脑的开始菜单,所有的功能都在菜单里面。单击"开始"按钮的下拉箭头,出现图 3-9 所示的示教器菜单。

"开始"按钮右侧是机器人的状态栏,当前机器人的状态为"手动"模式,因为我们没有按下示教器的使能键,所以"防护装置停止",下面的"已停止"表示机器人没有工作。

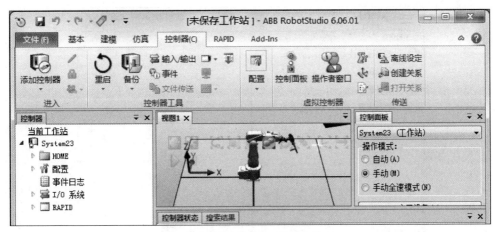

图 3-8 控制面板上的操作模式

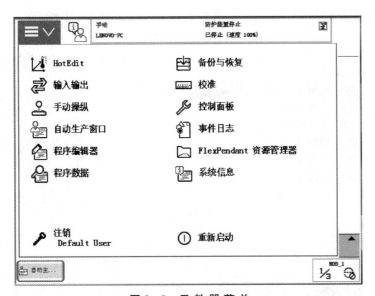

图 3-9 示教器菜单

单击示教器菜单里面的"系统信息"按钮后(见图 3 - 10),就会看到控制器属性、系统属性、硬件设备和软件资源。

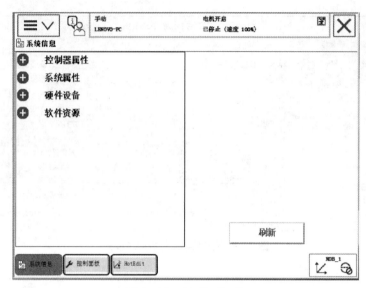

图 3 - 10　系　统　信　息

单击"控制器属性"按钮,就会展开并显示一些信息,如图 3 - 11 所示。

图 3 - 11　控　制　器　属　性

单击"系统属性"按钮,在"系统属性"里面可以看到 RobotWare 的版本,如图 3 - 12 所示。ABB 公司会不断推出 RobotWare 新的版本,以修正一些错误和增加一些更多的功能。当前机器人 RobotWare 版本为 6.06.01。"系统属性"菜单下面还有"控制模块""驱动模块"和"附加选项"。

单击"系统属性"下的"控制模块"按钮,出现图 3 - 13 所示的界面。

图 3-12　系 统 属 性

图 3-13　控 制 模 块

单击"控制模块"中的"选项"按钮,可以看到机器人的一些选项信息,如图3-14所示。

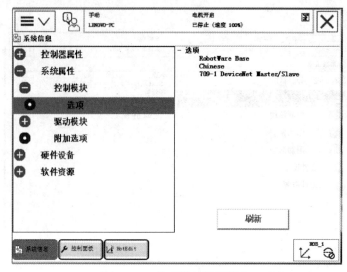

图 3-14 控制模块选项信息

单击"驱动模块"按钮,出现图3-15所示的界面。单击"Robot1"和下面的"选项"按钮,我们会看到一些硬件的选项。

图 3-15 机 器 人 选 项

示教器菜单的右下角有一个小窗口,如图3-18所示。它显示的是手动操纵下机器人的运动方式。

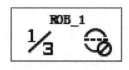

图 3-16 运 动 方 式

3. 认识控制面板

单击示教器菜单里的"控制面板"按钮，可以看到机器人的系统参数，如图3-17所示。用"控制面板"就可以对机器人进行简单的参数配置。

图 3-17　控 制 面 板

在图3-17中，单击"外观"按钮，可以修改示教器的亮度，如图3-18所示。

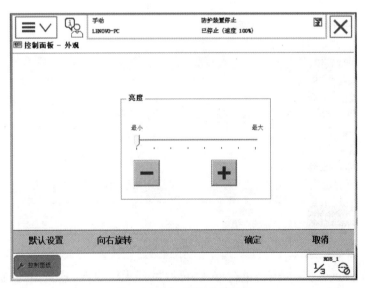

图 3-18　示教器亮度修改

单击图3-18中的"向右旋转"按钮，则示教器的画面会进行180°旋转，这样示教器就适用于右手握示教器的人。参数更改完毕，单击"确定"按钮就可以生效了。如果单击"取消"按钮，就会退出当前的界面。

在真实示教器上设置日期和时间的操作如图3-19所示。

图 3-19 日期时间设置

单击图 3-17 控制面板中的"语言"按钮,可以进行语言的设置,如图 3-20 所示。在手动状态下,其他的参数也可以进行修改。

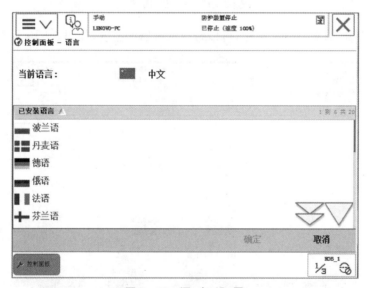

图 3-20 语 言 设 置

如图 3-21 所示,此时对语言进行修改,可以发现无法更改,这是因为机器人控制器为自动模式,所以功能被禁用。在自动模式下不仅语言功能被禁用,还有其他很多参数设置也被禁用无法更改。

4.认识使能按钮

使能按钮位于示教器控制杆(手动操纵杆)的右侧,操作者应该用左手的四个手指进行操作,如图 3-22 所示。虚拟示教器中的使能按钮如图 3-23 所示。

图 3‑21 自动模式禁止修改参数

图 3‑22 使能按钮的操作　　　　图 3‑23 使能按钮

1）使能按钮作用

（1）使能按钮是工业机器人为保证操作人员人身安全而设置。

（2）只有在按下使能按钮，电机上电，并保持在"电机开启"状态时，才可以对机器人进行手动操作和程序调试。

（3）当发生危险时，人会本能地将示教器按钮松开或者按紧，此时电机都失电，机器人会马上停止工作，从而保证操作人员的安全。

2）使能按钮的操作

先将机器人调整为手动状态，如图 3‑24 所示。

使能按钮分为两档，使用真实示教器时，手动状态下，将使能按钮第一档按下去，机器人将处于电机开启状态。

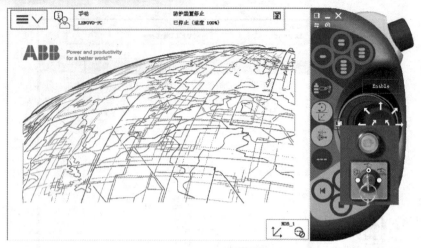

图 3-24　机器人手动状态

在手动状态下,单击图 3-24 中的"Enable"按钮,则机器人也会处于电机开启状态,如图 3-25 所示。

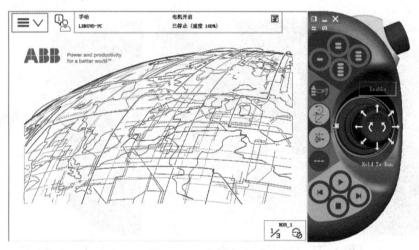

图 3-25　电　机　开　启

机器人在手动状态下,将使能按钮的第二档按下去,电机停止,机器人就会处于防护装置停止状态,如图 3-26 所示。

5. 认识控制杆

示教器上的控制杆又称为手动操纵杆。我们可以将机器人的操纵杆比作汽车的油门,操纵杆的操作幅度与机器人运动速度相关,操作幅度小则机器人运动速度较慢,操作幅度大则机器人运动速度较快,所以操作时尽量小幅度操作,使机器人慢慢地运动,习惯后可以尝试将速度加快。

控制杆如图 3-27 所示,图中的摇杆就是手动操纵杆。当使能按钮按下,电机上电,并处于开启状态时,通过操纵杆可以进行左右运动、上下运动和旋转运动,在手动模式下,就可以控制机器人的运动了。

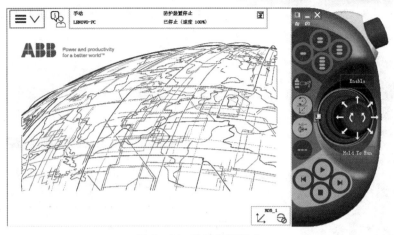

图 3 - 26 防护装置停止

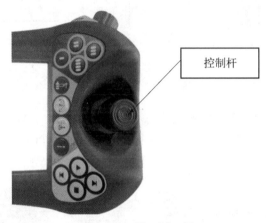

控制杆

图 3 - 27 控 制 杆

项目实践

打开文件 XMSJ3.rspag,如图 3 - 28 所示,按照下面的流程熟悉示教器的一些基本操作。

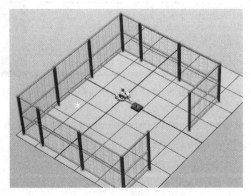

图 3 - 28 机器人工作站

（1）打开图 3-29 的示教器，单击"控制柜"图标，打开"自动/手动切换开关"，选择"自动"，单击"确定"按钮，将示教器切换到自动状态。

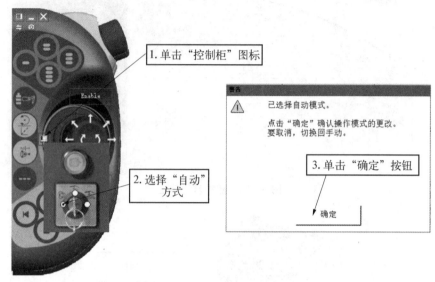

1. 单击"控制柜"图标

警告

⚠ 已选择自动模式。

点击"确定"确认操作模式的更改。
要取消，切换回手动。

3. 单击"确定"按钮

确定

2. 选择"自动"方式

图 3-29 示教器

（2）观察图 3-30 示教器上机器人状态栏可知机器人处于自动状态，电机关闭。单击"PP 移至 Main"按钮将程序指针移动程序首行，再次单击"控制柜"图标，按下"电机开启"按钮使电机上电。

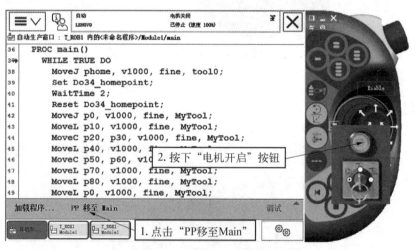

图 3-30 电机开启操作

（3）按下程序运行按钮▶，程序运行，机器人开始动作，同时可观察到程序指针在移动，如图 3-31 所示，按下停止按钮⏹，程序暂停。

（4）再次按下程序运行按钮▶，程序继续运行。

（5）如发生紧急情况，按下急停开关，机器人紧急停止，状态如图 3-32 所示。

紧急情况处理完毕，机器人需再次运行，首先按"急停开关"按钮，使"急停开关"弹出，然

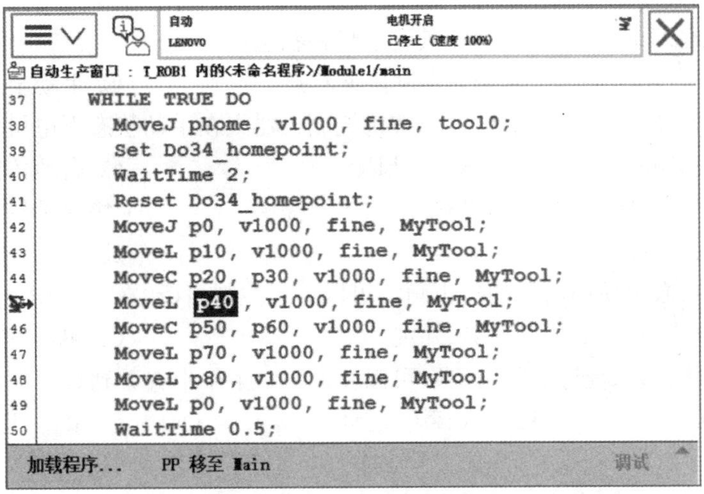

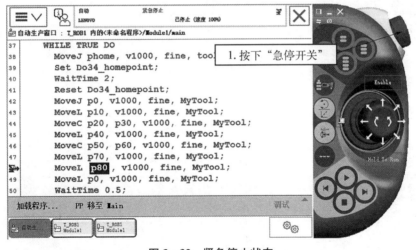

图 3-31　所示程序指针移动

图 3-32　紧急停止状态

后按下"电机开启"按钮,使电机上电。再次按下程序运行按钮 ⊙,程序从当前位置继续执行。如需从头开始,则单击"PP 移到 Main"按钮将程序指针移到首行。

 习 题

1. 填空题

(1) ABB 机器人有 3 种模式：_____、_____和手动全速模式。

(2) 使能按钮第一档按下去时机器人将处于_____状态,使能按钮第二档按下去时机器人就会处于防护装置停止状态。

(3) 示教器上的控制杆又称为_____,通过它可以进行_____运动、_____运动和_____运动。

2. 单选题

(1) 机器人在调试过程中,一般将其置于哪种状态( )。

A. 自动状态   B. 手动限速状态   C. 手动全速状态

(2) 虚拟示教器上,可以通过( )按键控制机器人在手动状态下电机上电。

A. Hold To Run   B. Enable   C. 启动按钮

(3) 为了便于手动操纵的快捷设置,示教器上提供了( )个快捷键按钮。

A. 2   B. 4   C. 6

(4) 手操器左右手使用需要切换视角。可以通过控制面板中( )进行设置。

A. FlexPendant   B. 外观   C. 配置

(5) 当前机器人系统已配置的选项,可以在( )菜单中查看到。

A. 控制面板   B. 系统信息   C. 事件日志

项目四
ABB 机器人示教器操作

任务目标

（1）语言的设置。

（2）时间的设置。

（3）查看事件日志。

（4）数据备份与恢复。

（5）输入/输出查看。

（6）资源管理器。

（7）机器人的手动操纵。

（8）计数器更新。

任务描述

在示教器上，绝大多数的操作都是在触摸屏上完成，同时也保留了必要的按钮和操作装置。通过实操机器人示教器，熟悉示教器界面，学会示教器的一些基本操作。

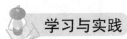

学习与实践

1. 语言的设置

示教器出厂时，默认的语言是英语，如图4-1所示。

为了方便操作，需要把示教器显示语言设定为中文。操作步骤：先把示教器设置为手动操作状态，单击图4-1所示菜单里的"Control Panel"按钮，出现如图4-2所示的选项，选择"Language"。

单击"Language"按钮，出现如图4-3所示的界面，选中"Chinese"选项，单击"OK"按钮，出现如图4-4所示的对话窗口。

单击"Yes"按钮后，需要系统重启。示教器重启后，就出现图4-5所示的示教器中文桌面。

图 4-1 示教器英文菜单

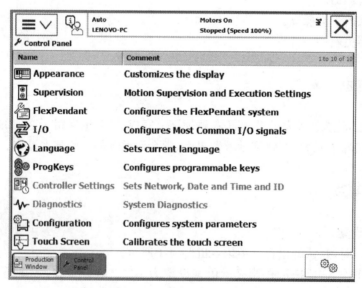

图 4-2 Control Panel 菜单

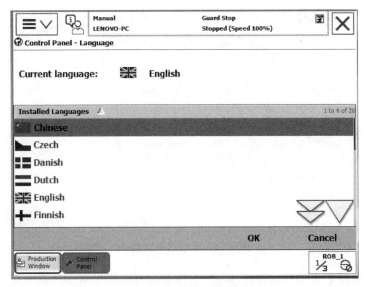

图 4-3　选择 Chinese

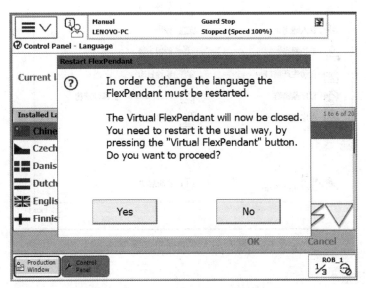

图 4-4　重启示教器界面

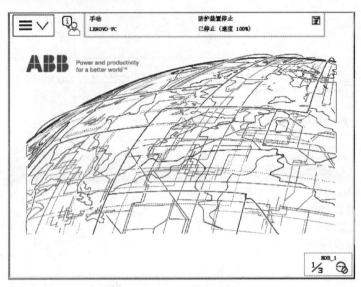

图4-5　示教器中文桌面

单击 ABB 字母上方的开始按钮 $\boxed{\equiv\vee}$（下拉箭头），就能显示示教器中文界面，如图4-6所示。

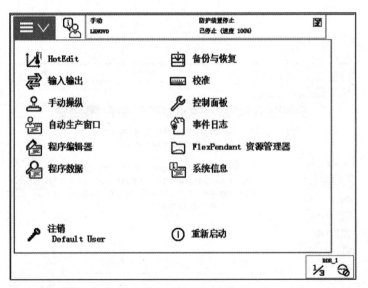

图4-6　示教器中文菜单

2. 时间的设置

具体操作步骤，可以参考项目三中的介绍。

3. 查看事件日志

在真实示教器桌面上方的状态栏可以进行 ABB 机器人常用信息的查看，如图4-7所示。

从状态栏中依次可以看到：机器人为"手动"状态，机器人的系统信息为"120-505808"，

图 4-7　机器人状态栏

机器人电机状态为"防护装置停止",机器人程序的运行信息为"已停止(速度　100%)", 标志为当前机器人或外轴的使用状态。

1)事件日志查看方法一

在图 4-6 的中文显示菜单里,单击"事件日志"按钮,就能看到如图 4-8 所示的界面,可以查看事件日志。

2)事件日志查看方法二

单击图 4-7 所示的状态栏,也可以看到图 4-8 所示的机器人事件日志。

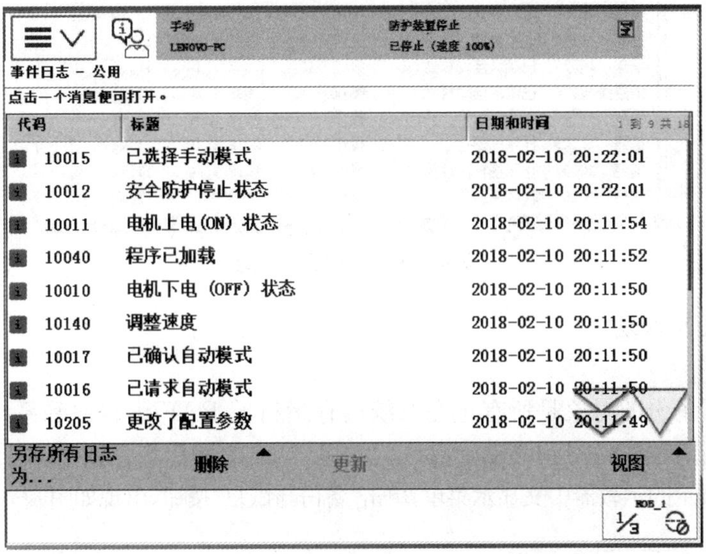

图 4-8　示教器中的事件日志

3)事件日志查看方法三

在软件中单击"控制器"的"事件"按钮(见图 4-9),也会得到事件日志,如图 4-10 所示。

图 4-9　软件中的事件日志

图 4-10 事件日志显示

4. 数据备份与恢复

1）备份操作

机器人数据备份的对象是所有正在系统内存运行的 RAPID 程序和系统参数。将机器人控制器中的当前程序备份到移动硬盘（U 盘）里，具体的操作步骤如下。

在图 4-6 所示的示教器中文显示菜单，单击"备份与恢复"按钮，出现如图 4-11 所示的界面。

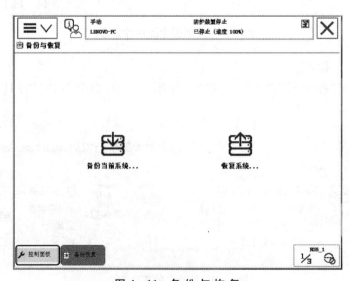

图 4-11 备份与恢复

单击"备份当前系统"页面,出现如图4-12所示的对话框。

图4-12 备份当前系统

单击中间的"ABC..."按钮,输入备份文件夹的名称,选择备份路径,单击"备份"按钮,完成备份。

此外,在RobotStudio软件中也可以进行"备份"操作,单击"备份"按钮,完成备份文件的名称和备份路径之后,单击"确定"按钮,备份操作完成,如图4-13所示。

图4-13 创 建 备 份

或者单击"备份"菜单下的"创建备份",同样可以完成备份操作,如图4-14所示。

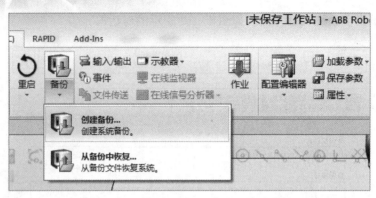

图 4-14 RobotStudio 软件中的备份操作

2）恢复操作

当机器人系统错乱或者重新安装新系统以后，可以通过备份操作快速把机器人恢复到备份时状态。在图 4-11 的备份与恢复界面，单击"恢复系统"按钮，如图 4-15 所示。

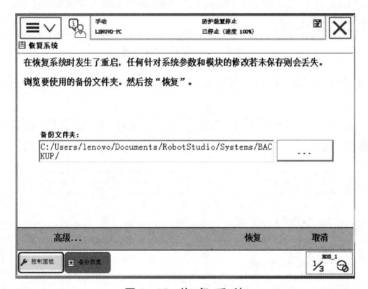

图 4-15 恢 复 系 统

单击图 4-15 中的"…"按钮，选择移动硬盘（U 盘）里可用备份程序文件，单击"恢复"按钮，等待系统恢复程序并自动重启机器人控制器，恢复完成。

我们还可以在软件中进行恢复操作，单击"备份"菜单下的"从备份中恢复"按钮，如图 4-16 所示。

选中当前系统，单击"System17_备份_2018-02-1"，单击"确定"按钮即可完成恢复操作，如图 4-17 所示。

5. 输入/输出查看

在图 4-6 中"输入输出"选项可以查看当前机器人的输入/输出信号。在"输入输出"窗口，单击视图按钮，选择要查看的信号类型，在主窗口即可看到该项下的信号，图 4-18 为某机器人的全部信号。

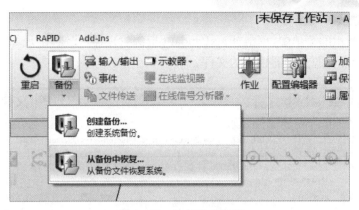

图 4 - 16 从备份中恢复

图 4 - 17 备份恢复操作

图 4 - 18 输入输出窗口

6. 资源管理器

如图 4－6 所示的菜单中,单击"FlexPendant 资源管理器"按钮,出现如图 4－19 所示界面。我们可以管理资源管理器里面的文件。

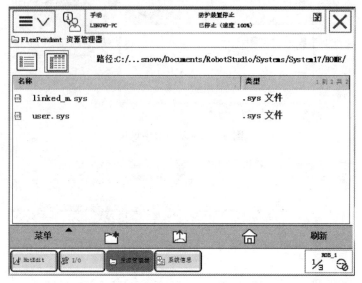

图 4－19　FlexPendant 资源管理器

7. 机器人的手动操纵

手动操纵是机器人必不可少的基础操作,其目的是让操作者可以通过示教器手动控制机器人的运动。使用机器人编程时,通过手动操纵可以将机器人移动至目标位置,并将目标位置点的信息示教给机器人,是机器人操作的基础。

在手动控制模式,按下示教器使能按钮至第一档,此时能听见电机抱闸打开声,确认电机上电状态。这时就可以用示教器上操纵杆操作机器人了。操纵杆的动作幅度与机器人的运动速度是相关的。操纵幅度较小时,机器人的运动速度比较慢;操纵幅度较大时,机器人的运动速度比较快。所以大家在操作操纵杆时,尽量以较小的幅度操纵使机器人慢慢运动。在初步练习中,可打开增量模式调节运动速度,在"增量"模式下,操纵杆每位移一次,机器人就移动一步。

在机器人仿真软件中进行手动操纵方法,与操作真实机器人手动操纵方法类似。在手动控制模式下,按下使能键按钮即可。

手动操纵有 3 种运动模式:单轴运动、线性运动和重定位运动。

1) 手动操纵方法

(1) 单击图 4－6 示教器菜单中的"手动操纵"按钮,出现如图 4－20 所示界面。

(2) 单击图 4－20 手动操纵界面中的"动作模式"按钮,出现"手动操纵-动作模式"选择界面(见图 4－21)。选择其中的一种模式,可用操纵杆进行机器人的操作。

2) 手动操纵模式

(1) 单轴运动。机器人的单轴运动是指每次手动操纵机器人一个关节轴的运动,即通过示教器控制机器人六轴中的某一个轴进行运动。选中图 4－21 中的轴 1—3 选项,单击"确定"按钮,如图 4－22 所示。

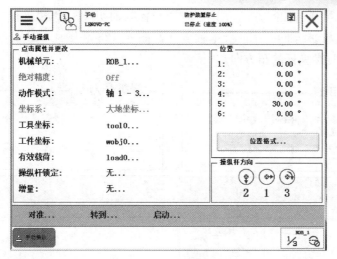

图 4 - 20　手 动 操 纵

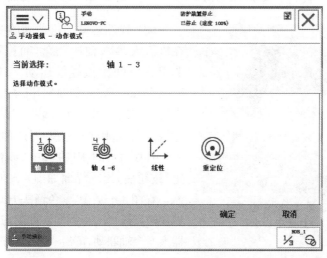

图 4 - 21　手动操纵动作模式

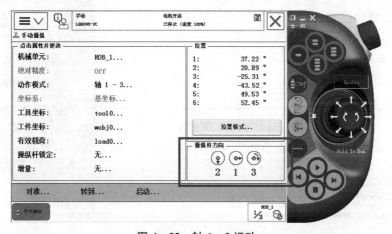

图 4 - 22　轴 1—3 运动

在操作中,也可通过控制方式切换按键 和控制轴切换按键 进行快速切换。

同样方法可以选择轴4~6进行单轴操作。图4-23和图4-24分别为轴1~3和轴4~6的单轴运动时操纵杆的正方向。

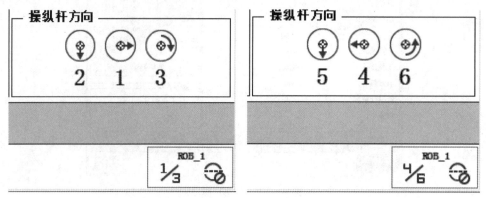

图4-23 轴1~3操纵杆正方向　　　　图4-24 轴4~6操纵杆正方向

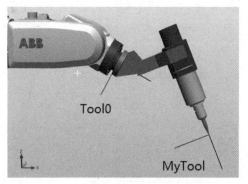

图4-25 默认工具Tool0中心点和
工具MyTool中心点

（2）线性运动。机器人的线性运动是指安装在机器人第六轴法兰盘（简称"法兰"）上的工具TCP在空间中做线性运动。TCP是工具中心点Tool Center Point的简称,机器人有一个默认的工具中心点,它位于机器人安装法兰的中心。图4-25为默认工具Tool0中心点和工具MyTool中心点。

在图4-21中的选中"线性"选项,单击"确定"按钮后,出现界面如图4-26所示。

在图4-27中,紫色箭头方向代表正方向,线性操作时操纵杆的正方向在此状态下,操作操纵杆,机器人6个轴联动,可沿X、Y、Z方向直线移动。

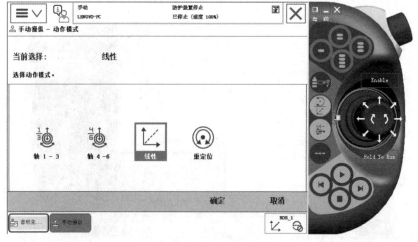

图4-26 线 性 操 作

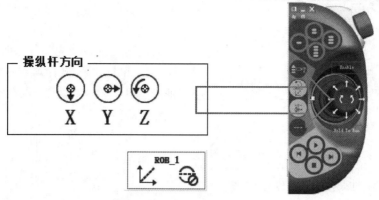

图 4 - 27　线性运动操纵杆正方向

（3）重定位运动。机器人的重定位运动是指机器人第六轴法兰盘上的工具 TCP 点在空间中绕着坐标轴旋转的运动，也可以理解为机器人绕着工具 TCP 点做姿态调整的运动，如图 4 - 28 所示。

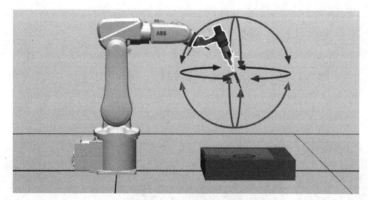

图 4 - 28　重定位运动时的运动方向

在图 4 - 21 中的选中"重定位"选项，单击"确定"按钮，出现界面如图 4 - 29 所示。

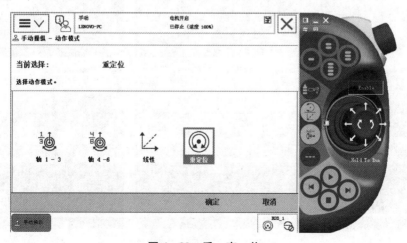

图 4 - 29　重　定　位

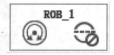

图 4-30 重定位操作操纵杆正方向

或者单击 图标，示教器"操纵杆方向"切换成 X、Y、Z 方向，并看到示教器右下方的快速设置区域为圆形，即切换为重定位运动。此状态下，操作操纵杆，机器人第六轴法兰盘上的工具 TCP 点在空间中即绕着坐标轴旋转。

8. 计数器更新

我们以 IRB1410 机器人为例，IRB1410 机器人有 6 个伺服电机和 6 个关节轴，每个关节轴都有一个机械原点位置。

出现以下情况时，需要对机械原点的位置进行转数计数器的更新操作。

（1）更换伺服电机转数计数器电池后。

（2）当转数计数器发生故障，修复以后。

（3）转数计数器与测量板之间断开以后。

（4）断电后，机器人关节轴发生了移动。

（5）当系统报警提示"10036 转数计数器未更新"时。

出现上述几种情况时，需要把机器人使用手动操纵单轴运动方式回到每一个关节轴的机械原点刻度位置以及完成相关的更新操作。不同型号的机器人机械原点刻度位置有所不同，请参考 ABB 随机光盘说明书。图 4-31 为 IRB1410 机器人机械原点的刻度位置。

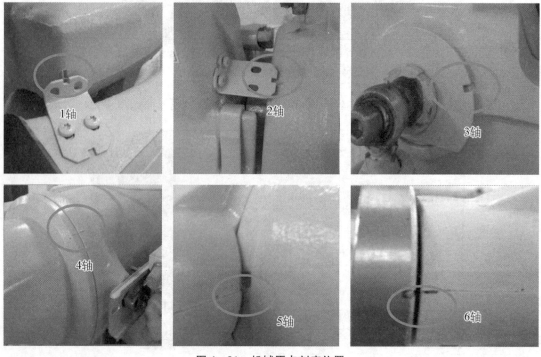

图 4-31 机械原点刻度位置

图 4-32 是机器人轴 2 上的偏移数据，在做转数计数器更新时，将偏移数据记录下来，在示教器里进行核对。

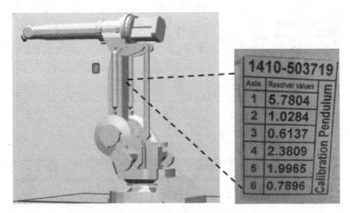

图 4-32 轴 2 上的偏移数据

如果机器人由于安装位置的关系，无法实现 6 个轴同时到达机械原点刻度位置，则可以逐一对关节轴进行转数计数器更新。

用手动操纵关节轴单轴运动，让机器人回到各个轴机械原点位置。机器人 6 个轴回到机械原点的顺序是 4 轴、5 轴、6 轴、1 轴、2 轴、3 轴，原因是有些大型机器人先把 1 轴、2 轴、3 轴的机械原点校准好，那么 4 轴、5 轴、6 轴的机械原点位置就看不见了；所以应先把 4 轴、5 轴、6 轴的机械原点位置校正好，再校正 1 轴、2 轴和 3 轴。

电机上电后开启，手动操作控制杆让每个关节轴逐一回到机械原点的刻度位置。当 6 个轴都回到机械原点刻度位置后，再用示教器进行以下操作，对计数器进行更新。在示教器主菜单，选中"校准"选项，出现如图 4-33 所示的界面。

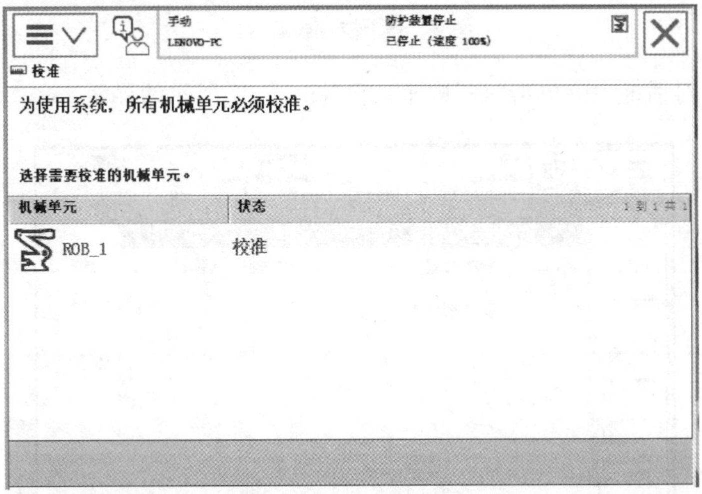

图 4-33 校 准 界 面

单击图 4-33 中的"校准"按钮，出现如图 4-34 所示的界面。

单击图 4-34 中"校准参数"按钮，出现图 4-35 所示的界面，选中"编辑电击校准偏移"选项。

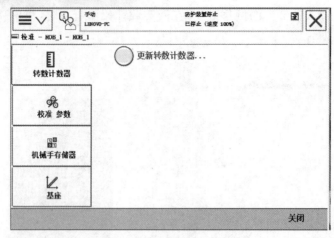

图 4-34　更新转数计数器

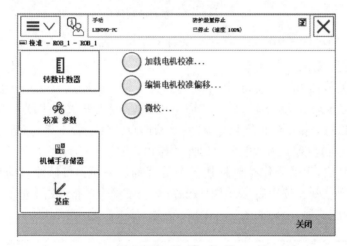

图 4-35　校 准 参 数

在图 4-36 对话框中的单击"是"按钮,出现图 4-37 所示的界面。

图 4-36　确认更改校准偏移值

将图4-37中偏移值和机器人本体上偏移数据标签对照,如不符将其修改为机身上数值。

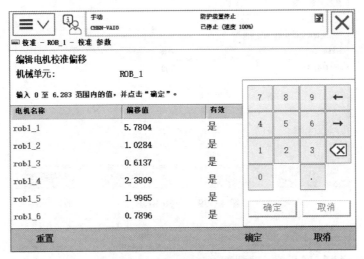

图4-37 修改偏移值

修改完成后,点击"确定"按钮,数据将在机器人重启后激活。重启完成后,重新进入图4-34界面。单击"更新转数计数器"按钮,如图4-38所示。

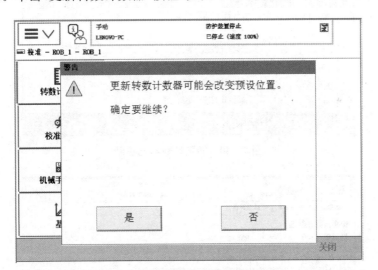

图4-38 更新转数计数器警告界面

单击"是"按钮,出现图4-39所示的界面。选中"ROB_1"机器人选项,单击"确定"按钮。出现图4-40所示的界面。

在图4-41中,选择"全选"选项,单击"更新"按钮。出现如图4-42所示界面。

继续单击如图4-42所示界面中的"更新"按钮。

图4-43显示"正在更新转速计数器。请等待!"。当6个轴位置数据更新完成,如图4-44所示,单击"确定"按钮,这样转速计数器更新操作就结束了。

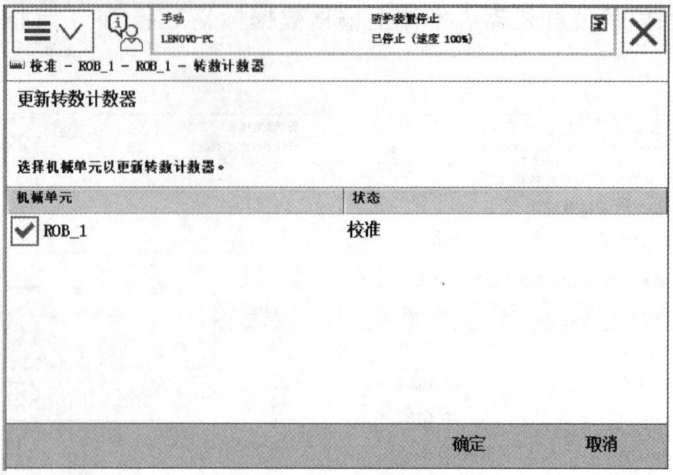

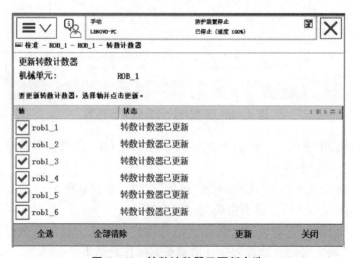

图 4－39　选择 ROB_1

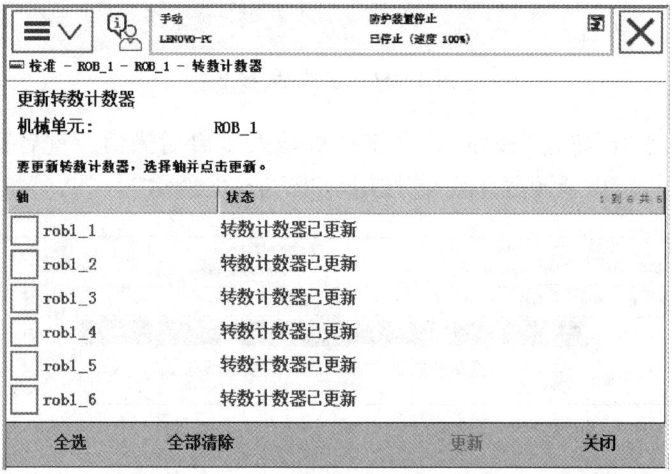

图 4－40　转数计数器已更新

图 4－41　转数计数器已更新全选

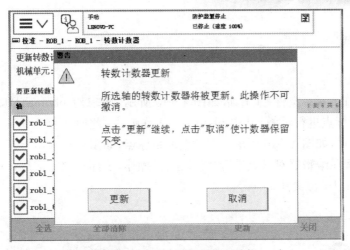

图 4-42 转速计数器更新选择

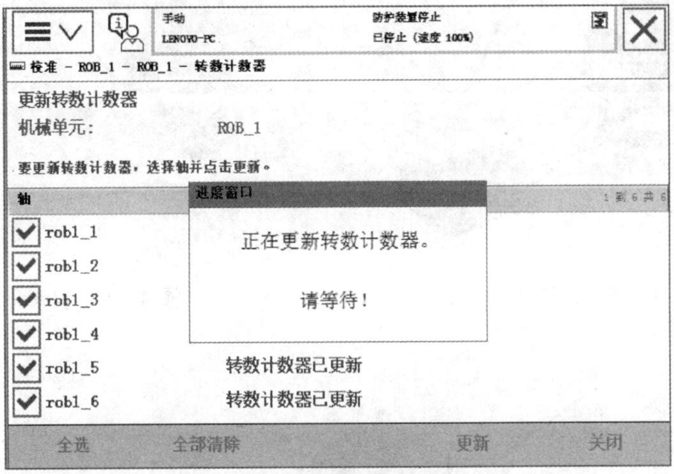

图 4-43 正在更新转速计数器

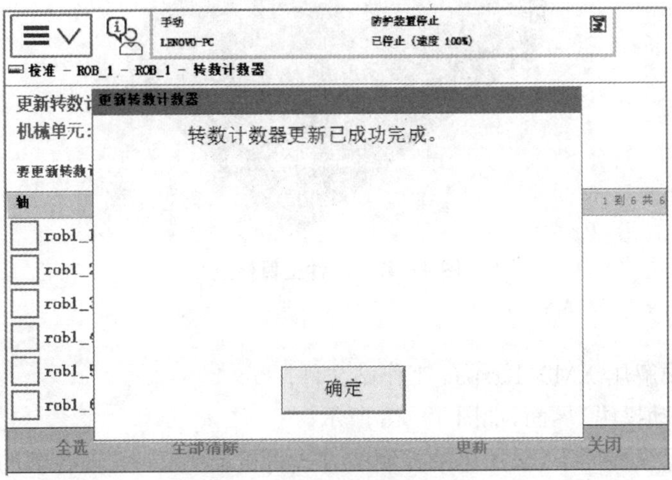

图 4-44 转速计数器更新完成

项目实践

1. 项目要求

解压 XM3_1. rspag 文件，工作站如图 4-45 所示，要求对 phome、P0、P10、P20、P30、P40、P50、P60 目标点进行示教，其中 phome 为工作原点，此时机器人 1~6 轴的角度分为 0°、0°、0°、0°、45°、0°，如图 4-46 所示。工件上的目标点，如图 4-47 所示。移动机器人至目标点位置后，在程序编辑器对该点进行"修改位置"操作，全部示教完成后，可运行程序，机器人动作参看 XM4_1.exe 文件。

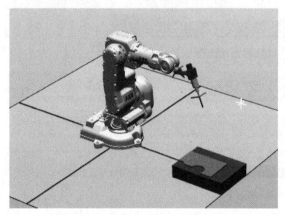

图 4-45　工作站

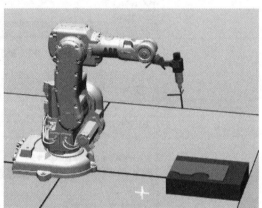

图 4-46　phome 目标点

图 4-47　工件上目标点

2. 操作过程

（1）在软件中解压 XM3_1. rspag 工作站文件。

（2）进入"手动操纵"界面，如图 4-48 所示。

（3）在手动操纵界面下，采用单轴控制的方式将机器人 1~6 轴各轴的角度分别调至为 0°、0°、0°、0°、45°、0°，操作完成后，在图 4-48 中的位置区域可观察到各轴目前的角度。

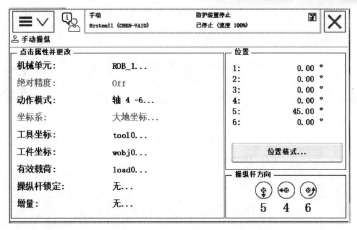

图 4-48　手动操纵界面

　　（4）从主菜单中双击"程序编辑器"选项，进入"程序编辑器"界面，如图 4-49 所示。机器人的程序如下。

```
PROC main()
    MoveJ phome, v1000, fine, tool0;
    WaitTime 0.5;
    MoveJ p0, v1000, fine, MyTool;
    MoveL p10, v1000, fine, MyTool;
    MoveC p20, p30, v1000, fine, MyTool;
    MoveL p40, v1000, fine, MyTool;
    MoveC p50, p60, v1000, fine, MyTool;
    WaitTime 2;
    MoveL phome, v1000, fine, tool0;
ENDPROC
```

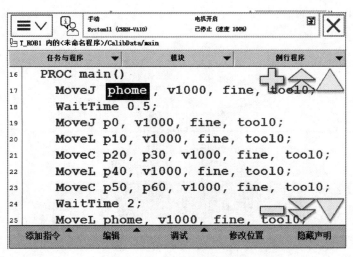

图 4-49　程序编辑器窗口

选中"phome"目标点,然后双击底部的"修改位置"按钮,在弹出的图 4-50 确认修改位置窗口中,点击修改按钮,该目标点就修改完成。

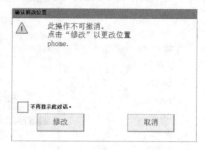

图 4-50　确认修改位置窗口

(5) 在手动操纵界面,将工具坐标修改为"MyTool",如图 4-51 所示。

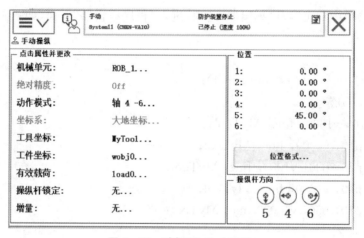

图 4-51　选择 MyTool 工具

(6) 在线性运动模式下,将机器人移动至 P0 目标点,如图 4-52 所示,并在"程序编辑器"界面中修改 P0 的位置。

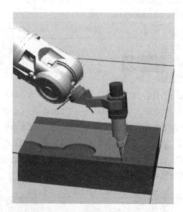

图 4-52　P0 目标点

（7）在线性运动模式下，重复以上操作，对 P10、P20、P30、P40、P50、P60 目标点进行示教修改，目标点位置如图 4 - 53 所示。

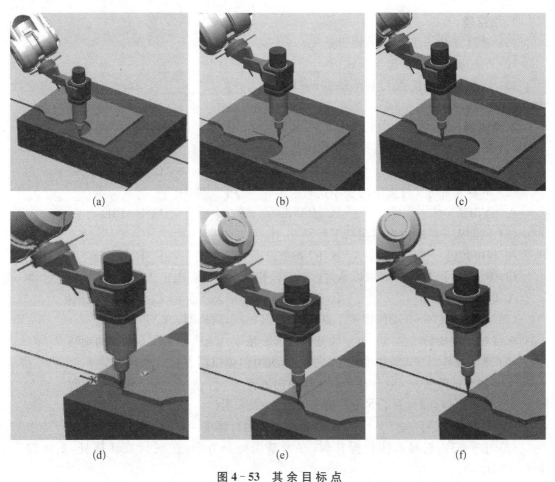

（a）　　　　　　　　　　（b）　　　　　　　　　　（c）

（d）　　　　　　　　　　（e）　　　　　　　　　　（f）

图 4 - 53　其余目标点

（a）P10；（b）P20；（c）P30；（d）P40；（e）P50；（f）P60

（8）目标点修改完成后，在仿真菜单下，单击"播放"按钮，如图 4 - 54 所示，可以看到程序运行的效果。

图 4 - 54　仿真播放按钮

 **习 题**

1. 填空题

(1) 示教器出厂时,默认的语言是_____。

(2) 手动操纵有 3 种运动模式:_____、_____和_____。

(3) 线性操作时机器人 6 个轴联动,可沿_____、_____和_____方向直线移动。

2. 单选题

(1) 机器人系统时间在哪个菜单中可以设置(   )。

A. 手动操纵　　　　　　　　B. 控制面板　　　　　　　　C. 系统信息

(2) 机器人备份文件夹中的程序代码位于(   )子文件中。

A. SYSPAR　　　　　　　　B. HOME　　　　　　　　C. RAPID

(3) 机器人备份的内容不包括下列(   )。

A. 程序代码　　　　　　　　B. IO 参数设　　　　　　　C. Robotware

(4) 机器人手动状态下,可以通过(   )按钮控制电机上电。

A. 电机上电按钮　　　　　　B. 系统输入 MotorOn　　　C. 使能装置按钮

(5) 单轴操作,4—6 动作模式下,顺时针旋转摇杆,则机器人(   )运动。

A. 4 轴正向旋转　　　　　　B. 6 轴负向旋转　　　　　　C. 6 轴正向旋转

(6) 单轴操作,1—3 动作模式下,向左推动摇杆,则机器人(   )运动。

A. 1 轴正向旋转　　　　　　B. 1 轴负向旋转　　　　　　C. 3 轴正向旋转

(7) 机器人微调时,为了保证准确和便捷,一般采用(   )方法。

A. 轻微推动摇杆　　　　　　B. 降低机器人运行速度　　　C. 使用增量模式

(8) 水平安装机器人线性操作时,参考基坐标系方向,逆时针旋转摇杆,则机器人做(   )运动。

A. 向上移动　　　　　　　　B. 向下移动　　　　　　　　C. 朝机器人正前方移动

(9) 重定位运动时,参考(   )旋转工具姿态。

A. 法兰盘中心　　　　　　　B. 当前选中的工具坐标原点　C. 基座中心点

(10) 重定位操作,一般参考(   )类型的坐标。

A. 基坐标系　　　　　　　　B. 工件坐标系　　　　　　　C. 工具坐标系

(11) 增量模式中的用户增量在(   )可以设置其大小。

A. 程序数据菜单中

B. 手动操作菜单

C. 示教器屏幕右下角快捷键

(12) 当机器人本体贴有的标签上面数值与示教器中查看到的对应数值不一致时,应该(   )。

A. 更改标签上数值　　　　　B. 更改示教器中的数值　　　C. 恢复出厂设置

(13) 下列(   )情况下,一般不需要更新转数计数器。

A. SMB电池电量耗尽后断电重启

B. 机器人首次开机后

C. 机器人恢复出厂设置后

（14）如果想查看机器人之前发生的报警信息，可以在（　　　）查看。

A. 事件日志　　　　　　　　B. 系统信息　　　　　　　　C. 控制面板

项目五
机器人 I/O 信号的建立

任务目标

（1）认识 ABB 机器人通信总线类型。

（2）认识 ABB 机器人常用的 DeviceNet 硬件。

（3）学会通信板设置及信号创建。

（4）配置系统输入/输出信号。

（5）配置可编程按键。

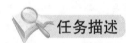

任务描述

通过本项目学习，掌握 ABB 机器人 I/O 信号的建立方法。项目以 ABB 标准 I/O 板 DSQC651 为例，设置模块单元为 board10，总线连接 DeviceNet，地址为 10，创建数字输入信号 di1、数字输出信号 do1、组输入信号 gi1（4 位）、组输出信号 go1（4 位）和模拟输出信号 ao1，并实现系统信号与数字信号的关联。

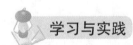

学习与实践

1. 认识 ABB 机器人通信总线类型

ABB 机器人提供了丰富的 I/O 通信接口，可以轻松地实现与周边设备进行通信，表 5-1 列举了最常用的三类：机器人与计算机间、机器人与现场总线间以及 ABB 提供的标准通信方式。

1）关于 ABB 机器人 I/O 通信接口的说明

（1）ABB 的标准 I/O 板提供的常用信号处理有数字输入 Di、数字输出 Do、模拟输入 Ai、模拟输出 Ao 和输送链跟踪。

（2）ABB 机器人可以选配标准 ABB 的 PLC，省去了原来与外部 PLC 进行通信设置的麻烦，并且在机器人的示教器上就能实现与 PLC 相关的操作。

表 5 - 1　ABB 机器人标配总线表

PC	ABB 机器人现场总线①	ABB 标准
RS232	Device Net	标准 I/O 板
OPC server	Profibus	PLC
Socket 通信②	Profibus - DP	……
	Profinet	……
	EtherNet IP	……

（3）本项目中通过最常用的 ABB 标准 I/O 板 DSQC651 为例，详细讲解如何进行相关的参数设定。

2）ABB 机器人 I/O 通信接口布局

机器人控制柜内部，如图 5 - 1 所示。机器人的主计算机模块型号是 DSQC1000，控制柜门上是 I/O 板卡和 24 V 电源，其中内部提供的 24 V 电源是 8 A 的。可以悬挂 DSQC651、DSQC652 等板卡。

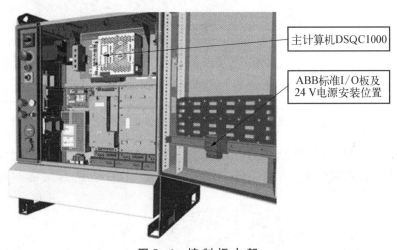

主计算机DSQC1000

ABB标准I/O板及24 V电源安装位置

图 5 - 1　控制柜内部

主计算机模块 DSQC1000 接口如图 5 - 2 所示。主计算机左侧 X4、X5 为局域网端口，用于视觉系统、焊接设备的连接，X6 为广域网端口，通过 X6 将工业机器人连接至工厂网络，X10 用于外部 USB 设备连接，X11 为内部使用，具体如表 5 - 2 所示。

在主计算机模块的正面可以加配通信扩展板卡，通信扩展板卡提供标准的 RS232 串口和内部调试用串口，通信扩展板上提供了标准总线接口，但是只能提供从站功能，如 DeviceNet、Profibus、Profinet、EtherNet 等。

---

① 不同厂商推出的现场总线协议。

② 一种通信协议。

表 5 - 2　设备通信接口表

端口标识	用　　途	端口标识	用　　途
X1	电源	X6	WAN(接入工厂 WAN)
X2(黄色)	服务端口(连接 PC)	X7(蓝色)	面板
X3(绿色)	LAN1(连接示教器)	X9(红色)	轴计算机
X4	LAN2(连接基于以太网的选件)	X10	USB 端口
X5	LAN3(连接基于以太网的选件)	X11	USB 端口

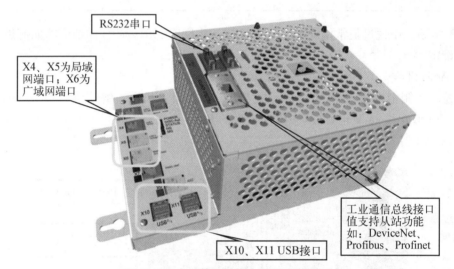

图 5 - 2　主计算机模块左侧及正面接口

在主计算机模块右侧,图 5 - 3 为 ABB 机器人标配的 DeviceNet 总线板卡,可以替换为 Profibus 板卡。在内侧是硬盘存储插槽,ABB 使用的是 SD 存储卡,标配是 2 GB。

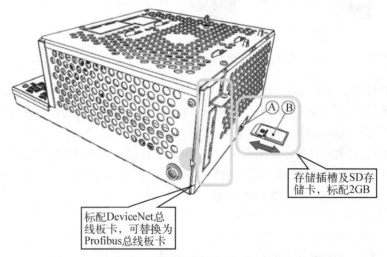

图 5 - 3　主计算机模块右侧接口

标配的 DeviceNet 总线,其接口如图 5 - 4 所示,各端口说明如表 5 - 3 所示。

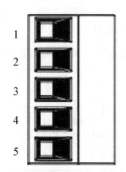

图 5 - 4　DeviceNet 总线接口

表 5 - 3　DeviceNet 总线接口

标　号	说　　明
1	0 V
2	通信终端低位
3	屏蔽线
4	通信终端高位
5	24 V

2. 认识常用的 DeviceNet 硬件

ABB 标准 I/O 板是挂在 DeviceNet 网络上的,设定模块在网络中的地址时要注意可用范围为 10～63。ABB 常用的标准 I/O 板如表 5 - 4 所示。它们的区别主要在于所带的数字及模拟信号输入输出接口数不同。

表 5 - 4　ABB 机器人常用标准 I/O 板

型　号	说　　明	型　号	说　　明
DSQC651	分布式 I/O 模块 DI8\DO8\AO2	DSQC355A	分布式 I/O 模块 DI4\DO4
DSQC652	分布式 I/O 模块 DI16\DO16	DSQC377A	输送链跟踪单元
DSQC653	分布式 I/O 模块 DI8\DO8 带继电器		

1) DeviceNet 设备与主计算机的连接方法

DeviceNet 设备与主计算机的连接方法如图 5 - 5 所示。

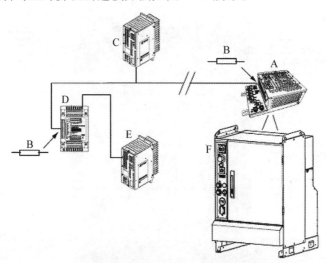

图 5 - 5　ABB 控制柜内 DeviceNet 设备连接示意图

A—DeviceNet 主从板,置于计算机模块内;B—端接电阻(121 Ω);
C—24 VDC 电源,供给网络;D—分布式数字 I/O 设备;E—24 VDC 电源,
供给设备的 I/O 信号;F—IRC5 控制器

连接 DeviceNet 总线时需要注意如下事项：

（1）终端。DeviceNet 总线的每一端都必须用 121 Ω 的电阻端接。两个端接电阻的间距应尽可能远。端接电阻的技术规范为：121 Ω，1%，0.25 W 金属膜电阻。

端接电阻放置在电缆接头。DeviceNet PCI 板没有内部端接。端接电阻连接在 CANL 和 CANH 之间，即图 5-6 所示在引脚 2 和引脚 4 之间。

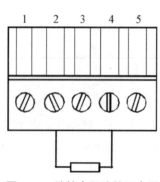

图 5-6 端接电阻连接示意图

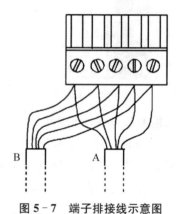

图 5-7 端子排接线示意图
A—DeviceNet 网络输入电缆；
B—DeviceNet 网络输出电缆

（2）中间连接端子排接线。DeviceNet 网络和 DeviceNet 设备间的物理连接如图 5-7 所示。

2）常见 ABB 标准 I/O 通信板介绍

（1）DSQC651 标准板。DSQC651 标准板提供 8 个数字输入信号，地址范围是 0～7；8 个数字输出信号，地址范围是 32～39；2 个模拟输出信号（输出电压为 0～10 V），地址是范围 0～31，如图 5-8 所示。X1、X3、X5、X6 端子使用定义和地址编号如表 5-5、表 5-6、表 5-7

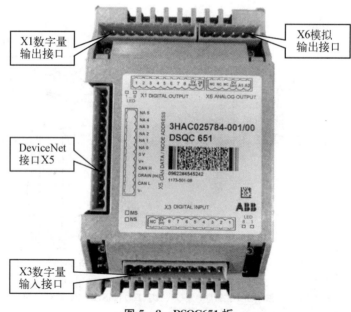

图 5-8 DSQC651 板

和表 5-8 所示。0 V 和 24 V 需外部接入电源,以驱动外接电磁阀、继电器及其他外部控制单元;当外接大于端口容量时,可外接 PLC 进行扩展使用。

<table>
<tr><th colspan="3">表 5-5　X1 端子说明</th><th colspan="3">表 5-6　X3 端子说明</th></tr>
<tr><th>X1 端子编号</th><th>使用定义</th><th>地址分配</th><th>X3 端子编号</th><th>使用定义</th><th>地址分配</th></tr>
<tr><td>1</td><td>OUTPUT CH1</td><td>32</td><td>1</td><td>INPUT CH1</td><td>0</td></tr>
<tr><td>2</td><td>OUTPUT CH2</td><td>33</td><td>2</td><td>INPUT CH2</td><td>1</td></tr>
<tr><td>3</td><td>OUTPUT CH3</td><td>34</td><td>3</td><td>INPUT CH3</td><td>2</td></tr>
<tr><td>4</td><td>OUTPUT CH4</td><td>35</td><td>4</td><td>INPUT CH4</td><td>3</td></tr>
<tr><td>5</td><td>OUTPUT CH5</td><td>36</td><td>5</td><td>INPUT CH5</td><td>4</td></tr>
<tr><td>6</td><td>OUTPUT CH6</td><td>37</td><td>6</td><td>INPUT CH6</td><td>5</td></tr>
<tr><td>7</td><td>OUTPUT CH7</td><td>38</td><td>7</td><td>INPUT CH7</td><td>6</td></tr>
<tr><td>8</td><td>OUTPUT CH8</td><td>39</td><td>8</td><td>INPUT CH8</td><td>7</td></tr>
<tr><td>9</td><td>0 V</td><td></td><td>9</td><td>0 V</td><td></td></tr>
<tr><td>10</td><td>24 V</td><td></td><td>10</td><td>24 V</td><td></td></tr>
</table>

表 5-7　X5 端子说明

X5 端子编号	使用定义	X5 端子编号	使用定义
1	0 V BLACK(黑色)	7	模块 ID bit0(LSB)
2	CAN 信号线 low BLUE(蓝色)	8	模块 ID bit1(LSB)
3	屏蔽线	9	模块 ID bit2(LSB)
4	CAN 信号线 high WHITE(白色)	10	模块 ID bit3(LSB)
5	24 V RED(红色)	11	模块 ID bit4(LSB)
6	GND 地址选择公共端	12	模块 ID bit5(LSB)

表 5-8　X6 端子说明

X6 端子编号	使用定义	地址分配	X6 端子编号	使用定义	地址分配
1	未使用		4	0 V	
2	未使用		5	模拟输出 ao1	0～15
3	未使用		6	模拟输出 ao2	16～31

　　ABB 提供的标准 I/O 通信板卡挂在 DeviceNet 总线上,通过总线接口 X5 与其进行通信,如图 5-9 所示。DeviceNet 总线接口中 1～5 引脚用于总线通信,6～12 引脚用于设定该板卡在 DeviceNet 总线上的地址,地址由总线接头上的地址针脚编码生成,如表 5-7 所示。可用地址范围为 10～63,地址 1～9 已被系统占用。图 5-9 中为 ABB 出厂默认设置,剪断了 8 号、10 号地址针脚,则其对应的总线地址为 2+8=10(X5 的 7～12 号端口分别代表:2^0、2^1、2^2、2^3、2^4、2^5)。

　　(2) DSQC652。ABB 标准 I/O 板 DSQC652 提供 16 个数字输入信号和 16 个数字输出信号,如图 5-10 所示。DSQC652 与 DSQC651 的构造基本一致,只是在接口稍有不同。其

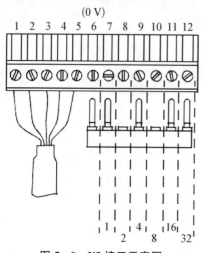

图 5-9 X5 接口示意图

图 5-10 DSQC652 板

中 X1 和 X2 为数字输出接口，X3 和 X4 为数字输入口，X5 为 DeviceNet 总线接口。输出接口 X1 和 X2 端子说明如表 5-9 和表 5-10 所示。

表 5-9 X1 端子说明				表 5-10 X2 端子说明		
X1 端子编号	使用定义	地址分配		X2 端子编号	使用定义	地址分配
1	OUTPUT CH1	0		1	OUTPUT CH9	8
2	OUTPUT CH2	1		2	OUTPUT CH10	9
3	OUTPUT CH3	2		3	OUTPUT CH11	10
4	OUTPUT CH4	3		4	OUTPUT CH12	11
5	OUTPUT CH5	4		5	OUTPUT CH13	12
6	OUTPUT CH6	5		6	OUTPUT CH14	13
7	OUTPUT CH7	6		7	OUTPUT CH15	14
8	OUTPUT CH8	7		8	OUTPUT CH16	15
9	0 V			9	0 V	
10	24 V			10	24 V	

数字输入端口 X3 与 DSQC651 一致，其端子说明如表 5-6 所示。数字输入端口 X4 端子说明如表 5-11 所示。

表 5-11 X4 端子说明

X4 端子编号	使用定义	地址分配	X4 端子编号	使用定义	地址分配
1	INPUT CH9	8	6	INPUT CH14	13
2	INPUT CH10	9	7	INPUT CH15	14
3	INPUT CH11	10	8	INPUT CH16	15
4	INPUT CH12	11	9	0 V	
5	INPUT CH13	12	10	未使用	

DeviceNet 端口 X5 设置同 DSQC651 一致,如表 5 - 7 所示。

(3) DSQC378B。图 5 - 11 为 DSQC378B,它是 ABB 机器人控制器连接到 CC-Link 网络的接口模块,实现 DeviceNet 与 CC-Link 网络之间的通信,其中 X3 为电源接口,X5 为 DeviceNet 接口,X8 为 CC-Link 接口。

3. DeviceNet 通信板设置及信号创建

1) 硬件连接

数字信号输入和数字信号输出是 DeviceNet 通信板的 2 个基本功能。下面以 DSQC651 为例,介绍通信板的设置。

(1) 数字输入信号硬件连接。以 DSQC651 为例,其端口为 PNP 类型。数字输入接口 X3 的 1 号端子(INPUT CH1)上要接一按钮,其接法如图 5 - 12 所示,其中"1"端口接控制按钮,再接 24 V 高电平,"0 V"端口接 0 V 低电平,构成控制回路。

图 5 - 11　DSQC378B 板

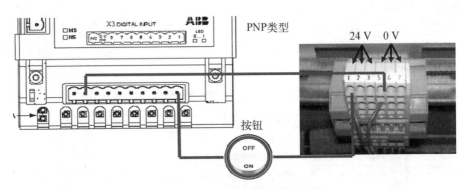

图 5 - 12　数字输入信号应用示例

(2) 数字输出信号硬件连接。在 DSQC651 地址为 32 的数字输出接口 X1 的 1 号端口(OUTPUT CH1)接上指示灯,其接法如图 5 - 13 所示。其中"1"端口接电灯,再接 0 V 低电平,"24 V"端口接 24 V 高电平,构成回路。

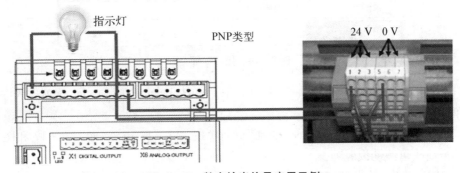

图 5 - 13　数字输出信号应用示例

ABB 作为欧系产品,I/O 输入和输出都是高电平,所以可以选择 PNP 常开型传感器。可与西门子系列 PLC、三菱 FX3 以上系类 PLC 直接交换信号。

2)板卡设置及信号设置

数字输入、数字输出回路连接完成后,需要在软件中对数字输入信号和数字输出信号进行设置。下面以上述的按钮和指示灯为例,说明信号的设置过程。

(1) DeviceNet 板卡设置。ABB 标准 I/O 板都是下挂在 DeviceNet 现场总线下的设备,通过 X5 端口与 DeviceNet 现场总线进行通信,首先要对上述的 DSQC651 板进行设置,主要设置板卡名称、类型及 DeviceNet 地址,如表 5-12 所示。

表 5-12 DSQC651 板的总线连接参数

参 数 名 称	设 定 值	说 明
Name	board10	设定 I/O 板在系统中的名字
Device Type	651	设定 I/O 板的类型
Address	10	设定 I/O 板在总线中的地址

具体设置步骤如下:

① 机器人在手动模式下,先选择示教器主菜单中的"控制面板",然后选择"配置"选项,如图 5-14 所示。

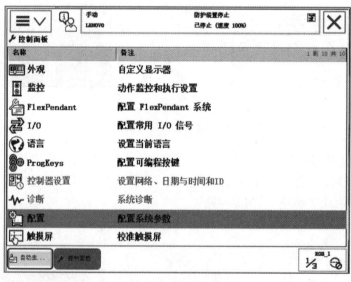

图 5-14 控 制 面 板

② 选择"DeviceNet Device",如图 5-15 所示;单击 DeviceNet Device 选项进入图 5-16 界面,单击"添加"按钮。

③ 在打开的"DeviceNet Device-添加"页面中按表 5-12 设置,如图 5-17 和图 5-18 所示,单击箭头可滚动设置项。

④ 设置完成后,单击"确定"按钮,热启动控制器后,板卡的设置生效。

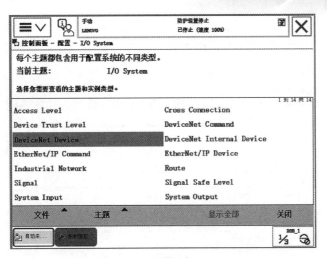

图 5 - 15　配置 I/O System

图 5 - 16　添加 DeviceNet 设备

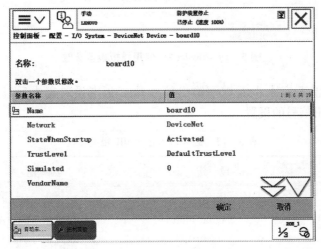

图 5 - 17　DeviceNet 名称设置

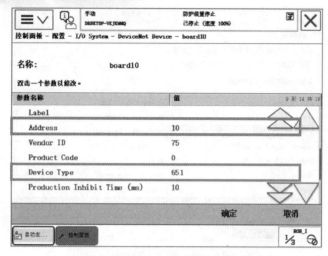

图5-18　DeviceNet 地址及类型设置

　　至此,板卡的设置完成。板卡的设置还可使用模板创建,在图5-16点击"添加"按钮后,在图5-19所示界面中,选择使用来自模板的值进行创建,参数设置按照表5-12的值进行修改。

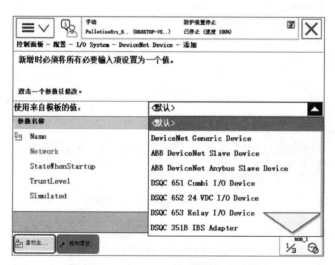

图5-19　DeviceNet 使用模板设置参数

　　(2)定义数字输入信号 di 及数字输出信号 do。板卡设置完成后,进行表5-13及表5-14中的输入输出信号的设置。

表5-13　数字输入信号 di1 相关参数

参 数 名 称	设 定 值	说　　　明
Name	di1	设定数字输入信号的名字
Type of Signal	Digital Input	设定信号的类型
Assigned to Device	board10	设定信号所在的 I/O 模块
Device Mapping	0	设定信号所占用的地址

表 5 - 14　数字输出信号 do1 相关参数

参　数　名　称	设　定　值	说　　　明
Name	do1	设定数字输出信号的名字
Type of Signal	Digital Output	设定信号的类型
Assigned to Device	board10	设定信号所在的I/O模块
Device Mapping	32	设定信号所占用的地址

① 打开示教器主菜单中的"控制面板",单击"配置"按钮以添加I/O(见图 5 - 20)。然后双击"Signal"以添加信号,如图 5 - 21 所示。

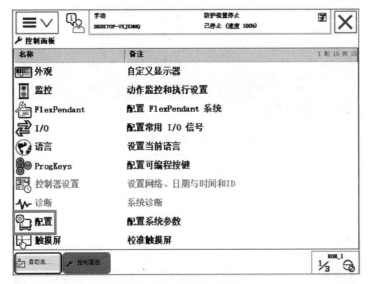

图 5 - 20　控　制　面　板

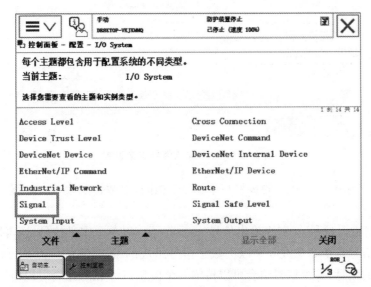

图 5 - 21　添加 Signal

② 在图 5－22 中单击"添加"按钮后,在图 5－23 中进行参数设置。参数设置按照表 5－13 的数值,最后单击"确定"按钮,重新启动后新增变量才生效。

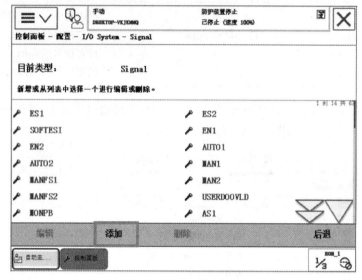

图 5－22　信 号 列 表

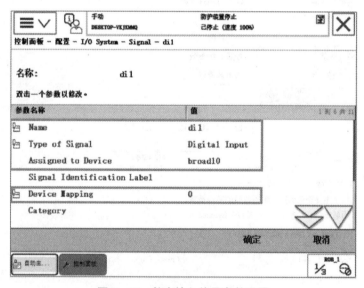

图 5－23　数字输入信号参数设置

③ 添加数字输出信号 do1 的步骤与添加 di1 相同,参数按照表 5－14 设置,如图 5－24 所示。

(3) 定义组输入信号 gi 和组输出信号 go。除了可以单个定义信号,还可以成组地进行信号定义。组信号是由 2 个或 2 个以上数字信号组成的编码,它的优点是可以通过有限的信号传输更多的信息:2 个信号组合可以传输 3 个信息,4 个信号组合可以传输 15 个信息,8 个信号组合可以传输 255 个信息,组合信号最大长度为 16。

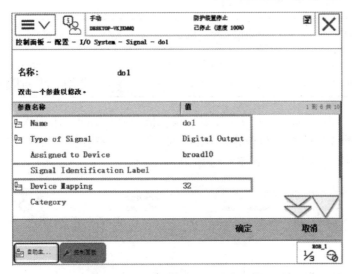

图 5-24　数字输出信号参数设置

组输入信号就是将几个数字输入信号组合起来使用,用于接收外围设备输入的 BCD 编码(Binary-coded decimal code)的十进制数。表 5-15 中的组输入信号 gi1 可以表示十进制数 0~15,如果扩展到占用 5 位,可以代表十进制数 0~31。

表 5-15　组输入信号 gi1 状态

| 状　态 | 地址 1 | 地址 2 | 地址 3 | 地址 4 | 十进制数 |
	1	2	4	8	
状态 1	0	1	0	1	2+8=10
状态 2	1	0	1	1	1+4+8=13

下面就设置 1 个占用地址 1~4 的组输入信号 gi1 和占用地址 33~36 的组输出信号 go1。相关参数分别如表 5-16 和表 5-17 所示。

表 5-16　组输入信号 gi1 相关参数

参 数 名 称	设 定 值	说　明
Name	gi1	设定数字输入信号的名字
Type of Signal	Group Input	设定信号的类型
Assigned to Device	board10	设定信号所在的 I/O 模块
Device Mapping	1~4	设定信号所占用的地址

表 5-17　组输出信号 go1 相关参数

参 数 名 称	设 定 值	说　明
Name	go1	设定数字输入信号的名字
Type of Signal	Group Output	设定信号的类型

（续表）

参 数 名 称	设 定 值	说　　明
Assigned to Device	board10	设定信号所在的 I/O 模块
Device Mapping	33～36	设定信号所占用的地址

添加组输入输出信号的方法与添加数字输入信号 di1 相同。组输入信号设置时按照表 5-16 参数在信号设置界面进行设置，如图 5-25 所示。组输出信号设置时按照表 5-17 参数在信号设置界面进行设置，如图 5-26 所示。

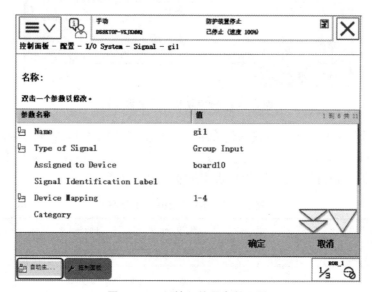

图 5-25　组输入信号参数设置

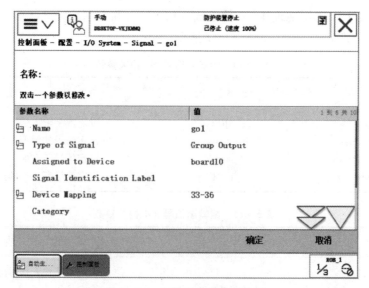

图 5-26　组输出信号参数设置

（4）定义模拟信号 ao1。模拟信号需要设定的参数比较多,其中逻辑值和物理值有对应关系。信号添加方式与前文类似,按照表 5-18 中的参数设置模拟输出信号 ao1 的值,如图 5-27 和图 5-28 所示。

表 5-18 模拟输出信号 ao1 相关参数

参 数 名 称	设 定 值	说 明
Name	ao1	设定模拟输出信号的名字
Type of Signal	Analog Output	设定信号的类型
Assigned to Device	board10	设定信号所在的 I/O 模块
Device Mapping	0~15	设定信号所占用的地址
Analog Encoding Type	Unsigned	设定模拟信号属性
Maximum Logical Value	10	设定最大逻辑值
Maximum Physical Value	10	设定最大物理值
Maximum Bit Value	65 535	设定最大值

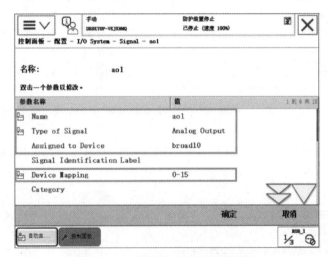

图 5-27 模拟输出信号参数设置

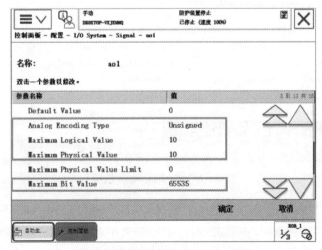

图 5-28 模拟输出信号参数设置

4. 系统输入/输出信号连接

将数字输入信号与系统的控制信号关联起来,就可以对系统进行控制,如电机开启和程序启动等;系统的状态信号也可以与数字输出信号关联起来,将系统的状态输出给外围设备使用,如系统的自动/手动状态输出用于信号指示灯指示当前的系统状态。

表5-19列举了部分系统输入信号名称的注解。详细的系统输入输出定义请查看 ABB 机器人随机光盘说明书。

表5-19　部分系统名称注解

系统输入	说明
Motors On	电机开启
Motors Off	电机停止
Start	程序开始运行
Start at Main	从主程序开始运行
Stop	程序停止运行
Stop at End of Cycle	一个循环结束后停止运行
System Restart	系统重启
Load	加载

下面使用输入信号 di1 与系统输入信号 Motors On 关联,当 di1 信号为"1"时,电机上电,操作步骤如下。

(1) 单击控制面板的配置选项后,进入如图5-29的界面,找到"System Input"项后双击,进入如图5-30"System Input"界面。

图5-29　System Input 选项

(2) 单击"添加"按钮,出现图5-31的"添加"界面,双击"Signal Name"然后在列表中选择 di1 信号,单击"确定"按钮返回,再双击"Action"在列表中选择"Motors On"输入信号,单击"确定"按钮返回,设置完成如图5-32所示。单击"确定"按钮重启后 di1 与 Motors On 的关联完成。

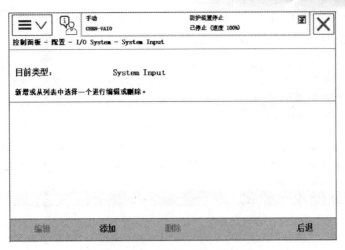

图 5-30　System Input 界面

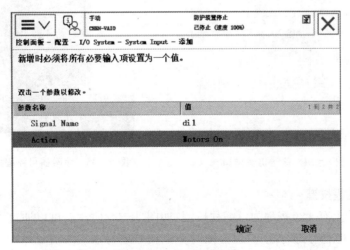

图 5-31　"添加"界面

图 5-32　信　号　关　联

数字输出信号的关联步骤与数字输入基本相同,只不过输入是"ACtion",输出为"Status",图 5-33 为输出信号 do1 与电机开启状态"Motors On"的关联。

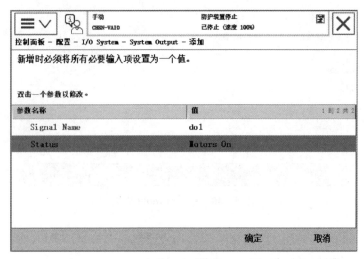

图 5-33　do1 与电机状态 Motors On 的关联

信号设置完成后,可以观察一下仿真运行效果。用示教器将机器人切换为手动状态,单击 RobotStudio 软件仿真菜单下的 [I/O仿真器] 按钮,弹出信号仿真窗口,如图 5-34 所示;将设备项选为"board10",I/O 范围设为"全部",即可看到刚刚设置的信号,单击输入信号 di1 边的开关 ⓪ 按钮,电机上电,然后该电机的状态可在 do1 信号显示出来。

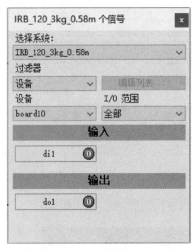

图 5-34　信号仿真窗口

图 5-35　示教器可编程按键

5. 配置可编程按键

ABB 示教器上有 4 个按键为可编程按键,如图 5-35 所示。可以通过可编程按键的控制对想控制的 I/O 信号进行编辑,以方便对 I/O 信号进行强制或仿真操作。本节以可编程按键 1 配置数字输出信号 do1 为例,讲解具体操作步骤。

（1）在示教器的控制面板界面选择"ProgKeys"选项，进入可编程按键编辑界面，如图 5 - 36 所示。

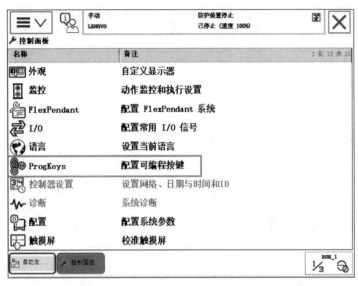

图 5 - 36　控制面板中选择配置可编程按键

（2）在可编程按键编辑界面选择要编辑的按键，选择按键 1，类型选择"输出"选项，如图 5 - 37 所示。

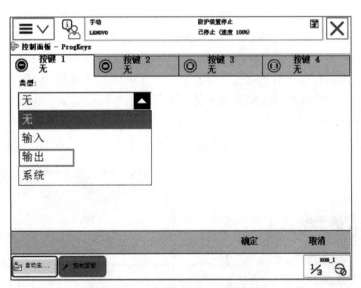

图 5 - 37　可编程按键 1 的编辑界面

（3）在随后出现的"数字输出"框中选择要关联的信号 do1。屏幕左侧的按下按键下拉菜单可以对按下的动作进行动作特性选择，有"切换""设为 1""设为 0""按下/松开"和"脉冲"5 个选择，如图 5 - 38 所示。现在就可以在示教器上通过按键 1，在手动状态下对 do1 进行强制操作。

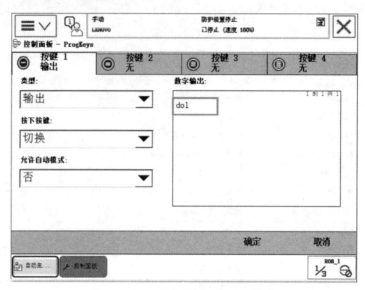

图 5 - 38　可编程按键 1 与 do1 关联

项目实践

1. 项目要求

解压 XM5_1.rspag 文件,工作站如图 5 - 39 所示。该工作站机器人已编写好程序,能实现以下功能:机器人运行后,首先到达工作原点 phome,然后按照要求沿工件边沿的目标点进行直线或圆弧运动(P10→P20→P30→P40→P50→P60→P70,见图 5 - 40),最后返回工作原点。现要求将按钮和指示灯连接在 DSQC651 上(DeviceNet 地址为 10),实现机器人的控制。控制要求如下:机器人切换到自动状态后,自动指示灯亮,按下电机上电按钮,电机上电指示灯亮,然后按下主程序执行按钮,程序开始执行,此时按下机器人复位按钮,机器人回到工作原点,原点指示灯亮,按下运行按钮,原点指示灯灭,机器人开始沿工件走轨迹。

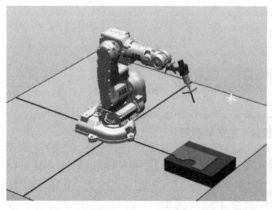

图 5 - 39　工作站

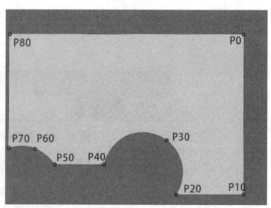

图 5 - 40　轨迹目标点

2. 操作过程

（1）在软件中解压 XM5_1.rspag 工作站文件。

（2）参考表 5-12，设置 DSQC651 板卡。

（3）按照表 5-20，进行输入输出信号规划和设置，设置完成如图 5-41 所示。

表 5-20　输入输出信号规划

序号	元器件	信　号　名	信号类型	信号地址	信号功能
1	按钮	di00	数字输入	0	电机上电
2	按钮	di01	数字输入	1	主程序执行
3	按钮	di02_repos	数字输入	2	机器人复位
4	按钮	di03_run	数字输入	3	轨迹运行
5	指示灯	do00	数字输出	32	自动状态
6	指示灯	do01	数字输出	33	电机上电状态
7	指示灯	do02_initpoint	数字输出	34	回到原点

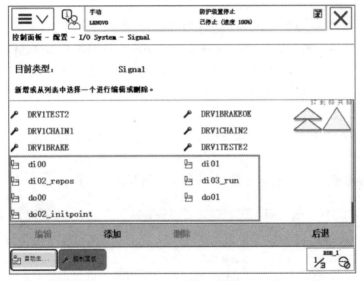

图 5-41　添加数字信号

信号设置完成后，如表 5-21 所示，对系统输入和系统输出信号进行关联，设置完成如图 5-42 所示。

表 5-21　系统输入输出信号关联表

系统信号	信号类型	关联的信号
MotorOn	系统输入	di00
StartMain	系统输入	di01
AutoOn	系统输出	do00
MotorOn	系统输出	do01

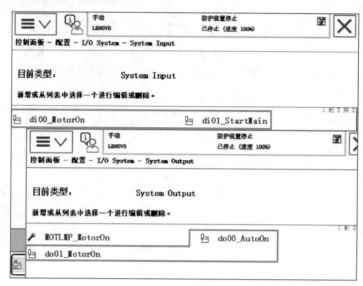

图 5‑42　关联系统输入输出信号

（4）在程序中添加按钮功能和原点指示灯亮、灭的功能。

除了上述系统输入输出信号，di02_repos、di03_run 为机器人外部启动信号，按下启动按钮，机器人开始按要求运行。外部信号需要在程序中进行控制，实现过程如下：

① 编辑插入"WaitDI"指令，如图 5‑43 所示，WaitDI 指令代表等待一个数字输入信号的指定状态，"1"时为有效即启动。

② 调用机器人动作例行程序，如"reposition（回原点）""run（按轨迹运行）"完成后如图 5‑44 所示。

（5）指令编程完成后，进行信号模拟，按照工作流程进行操作。

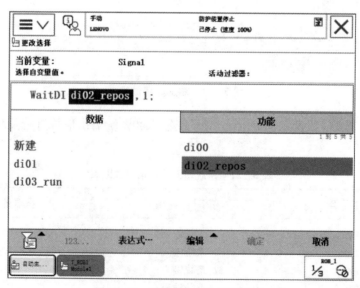

图 5‑43　编辑插入"WaitDI"指令

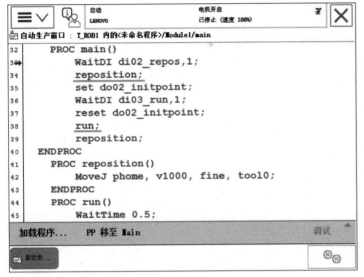

图 5-44 插入"WaitDI"完成并调用例行程序

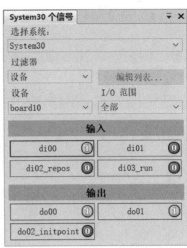

图 5-45 信号仿真窗口

编程完成后,进行信号模拟,打开信号仿真窗口,如图 5-45 所示,选择电路板为 "board10",I/O 范围"全部",出现数字输入输出信号。将机器人切换到自动状态,然后按照 程序要求改变启动信号开始运行程序,并观察机器人的动作。

 习 题

1. 填空题

(1) 某一数字输出信号被设定为 1,该信号对应的 io 板引脚输出电压为_____。

(2) ABB 机器人的信号类型包括:DI、DO、AI、AO、GI、GO,它们分别代表_____ 信号、_____信号、_____信号、_____信号、_____信号以及_____ ___信号。

2. 单选题

(1) ABB 机器人标配的工业总线为( )。

A. Profibus DP   B. CC-Link   C. DeviceNet

(2) 在 6.0 版本的 robotware 系统中创建 DeviceNet 类型的 I/O 从站,在( )进行 设置。

A. Unit   B. DeviceNet Command   C. DeviceNet Device

(3) 标准 I/O 板卡 651 提供的两个模拟量输出电压范围为( )。

A. 正负 10 V   B. 0 到正 10 V   C. 0 到正 24 V

(4) ABB 提供的标准 I/O 板卡一般为什么类型?( )

A. PNP 类型   B. NPN 类型   C. PNP\NPN 通用类型

(5) 一般焊接应用,机器人常使用哪种类型的标准 I/O 板卡( )。

A. DSQC651   B. DSQC652   C. DSQC378

(6) 标准 I/O 板卡总线端子上,剪断第 7、10、11 针脚产生的地址为(　　)。

A. 11 　　　　　　　　　　B. 25 　　　　　　　　　　C. 26

(7) 创建信号组输出 go1,地址占用 2、4、5、7,则地址正确写法为(　　)。

A. 2、4、5、7 　　　　　　　B. 2,4,5,7 　　　　　　　C. 2~7

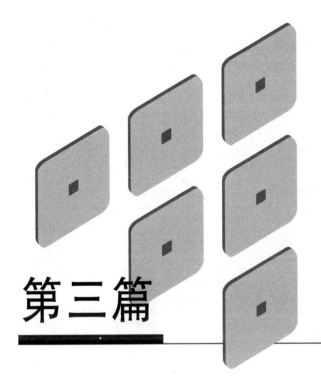

第三篇

编　程

　　RAPID 程序是 ABB 机器人编程语言。本篇主要介绍工业机器人编程的基本知识和基本操作。通过本篇学习,掌握工具坐标、工件坐标等程序数据建立和编辑方法,掌握建立程序模块与例行程序的一般步骤,能够熟练使用 Move L、Move J、Set、While 等常规的运动指令、I/O 控制指令、条件逻辑判断指令等编写机器人程序。

项目六
程序数据建立及管理

任务目标

（1）认识程序数据及其存储类型。
（2）学会建立程序数据。
（3）学会常见程序数据的编辑。

任务描述

程序数据是指程序模块或系统模块中的设定值和定义的一些环境数据。RAPID程序数据共有102个类型，它是程序编写的基础。通过本项目学习，认识常见的程序数据及其存储类型，并掌握程序数据建立和编辑方法。

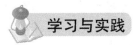
学习与实践

1.认识程序数据

程序数据是指程序模块或系统模块中的设定值和定义的一些环境数据。创建的程序数据由同一个模块或其他模块中的指令进行引用。以图6-1中的程序为例，MoveJ指令调用了4个程序数据，如表6-1所示。

```
任务与程序 ▼        模块 ▼          例行程序 ▼
1
2      MODULE MainModule
3        CONST robtarget phome:=[[364.35,0.00,594
4        PROC main()
5          MoveJ phome, v1000, z50, tool0;
6        ENDPROC
7      ENDMODULE
8
```

图6-1 RAPAD程序

表6-1 程序数据说明

程序数据	数据类型	说　明	程序数据	数据类型	说　明
Phome	robtarget	运动目标位置数据	Z50	zonedata	运动转弯数据
v1000	speeddata	运动速度数据	Tool0	tooldata	工具坐标数据

2.建立程序数据

程序数据的建立一般可以分为两种形式,一种是直接在示教器中的程序数据界面中建立程序数据,另一种是在建立程序指令时,同时自动生成对应的程序数据。

下面以直接在示教器中的程序数据界面中建立数字数据(num)为例说明程序数据的建立方法。

在图6-2的示教器主菜单中打开"程序数据"项,出现图6-3所示的界面,该界面中显

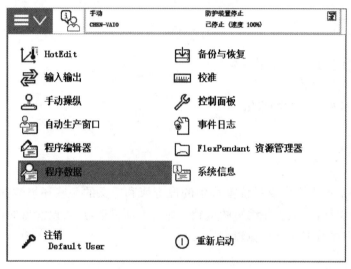

图6-2　主菜单界面

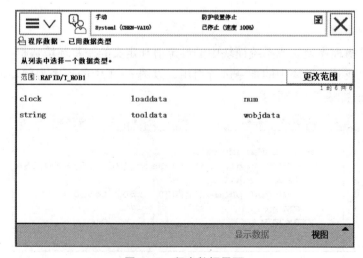

图6-3　程序数据界面

示的已用数据类型,选择"num"进行新建。如果该数据类型的数据是第一次新建,则需要通过单击图6-3中右下方的"视图"按钮,然后在图6-4界面中选择"全部数据类型"选项,在图6-5中找到该数据类型进行新建。

图6-4　视　图　界　面

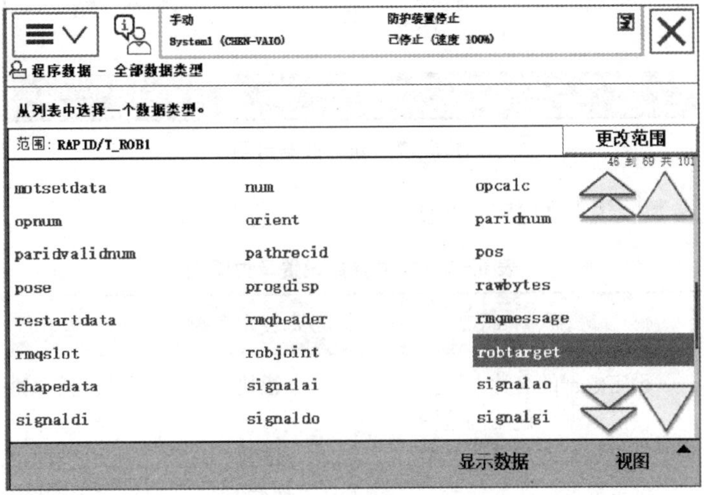

图6-5　全部数据类型界面

新建num类型数据如图6-6所示,进入该界面单击"新建"按钮,在图6-7所示的图中进行参数设置。

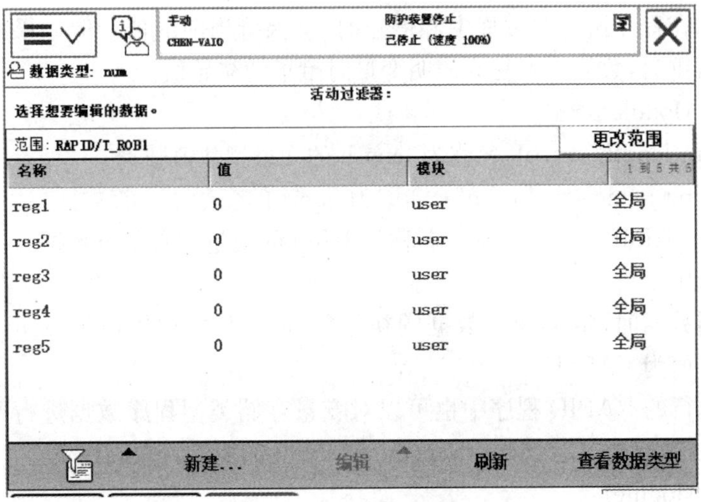

图6-6　num数据界面

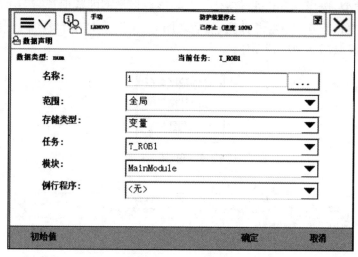

图 6 - 7　num 数据申明

需要设置的参数及说明如表 6 - 2 所示。

表 6 - 2　数据参数设置及说明表

数据设定参数	说　明	数据设定参数	说　明
名称	设定数据的名称	模块	设定数据所在的模块
范围	设定数据可使用的范围	例行程序	设定数据所在的例行程序
存储类型	设定数据的可存储类型	维数	设定数据的维数
任务	设定数据所在的任务	初始值	设定数据的初始值

3. 认识程序数据的存储类型

程序数据的存储类型有变量(VAR)、可变量(PERS)和常量(CONST)三类。

1) 变量 VAR

变量型数据在程序执行的过程中和停止时,会保持当前的值。但如果程序指针复位或者机器人控制器重启,数值会恢复为声明变量时赋予的初始值。

MODULE Module1

　　VAR num length := 0；名称为 length 的变量型数值数据

　　VAR string name := "John"；名称为 name 的变量型字符数据

　　VAR bool Isfull := FALSE；名称为 Isfull 的变量型布尔量数据

ENDMODULE

上述在声明数据时,定义变量数据的初始值,length 的初始值为 0,name 的初始值为 John,Isfull 初始值为 FALSE。

在机器人执行的 RAPID 程序中也可以对变量存储类型程序数据进行赋值操作。下列程序段,在主程序执行时,就对 length、name 和 Isfull 的值进行重新赋值。

MODULE Module1

　　VAR num length：=0；

```
    VAR string name:="John";
    VAR bool Isfull:=FALSE;
    PROC main()
        length:=10-1;
        name:="Smith";
        Isfull:=TRUE;
END PROC
ENDMODULE
```

2）可变量 PERS

可变量的最大特点是，无论程序的指针如何变化，无论机器人控制器是否重启，可变量型的数据都会保持最后赋予的值。

```
MODULE Module1
PERS num nbr:=1;名称为 nbr 的数字数据
PERS string text:="hello";名称为 text 的字符数据
ENDMODULE
```

上述在声明数据时，定义可变量数据的初始值，nbr 的初始值为 1，text 的初始值为 hello。在机器人执行的 RAPID 程序中也可以对可变量存储类型程序数据进行赋值的操作。

```
MODULE Module1
PERS num nbr:=1;名称为 nbr 的数字数据
PERS string text:="hello";名称为 text 的字符数据
PROC main()
nbr:=8;
text:="Hi";
END PROC
ENDMODULE
```

在程序执行以后，赋值的结果会一直保持，直到对其进行重新赋值。

3）常量 CONST

常量的特点是在定义时已赋予了数值，并不能在程序中进行修改，除非手动修改。

```
MODULE Module1
CONST num gravity:=9.81;名称为 gravity 的数字数据
CONST string greating:= "hello";名称为 greating 的字符数据
ENDMODULE
```

存储类型为常量的程序数据，不允许在程序中进行赋值的操作。

4. 常见程序数据

ABB 机器人的程序数据有 102 个，并且可以根据实际情况进行程序数据的创建，为 ABB 机器人的程序设计带来无限的可能。在图 6-5 所示的"程序数据-全部数据类型"窗口可查看和创建所需的程序数据。

根据不同的数据用途，定义了不同的程序数据，表 6-3 是部分程序数据的说明。

表 6-3　机器人系统常用的程序数据

程序数据	说　明	程序数据	说　明
bool	布尔量	Byte	整数数据 0～255
clock	计时数据	Dionum	数字输入/输出信号
extjoint	外轴位置数据	intnum	中断标志符
jointtarget	关节位置数据	loaddata	负荷数据
mecunit	机械装置数据	num	数值数据
orient	姿态数据	pos	位置数据(只有 X、Y 和 Z)
pose	坐标转换	robjoint	机器人轴角度数据
robtarget	机器人与外轴的位置数据	speeddata	机器人与外轴的速度数据
string	字符串	tooldata	工具数据
trapdata	中断数据	wobjdata	工件数据
zonedata	TCP 转弯半径数据		

1) 数值数据 num

num 用于存储数值数据,例如计数器。num 数据类型的值可以为:整数(-5)、小数(3.45),也可以指数的形式写入:$2E3(=2\times10^3=2\ 000)$。

整数数值,始终将-8 388 607 与+8 388 608 之间的整数作为准确的整数储存。小数数值仅为近似数字,因此,不得用于等于或不等于对比。若为使用小数的除法和运算,则结果亦将为小数。

下列程序,将整数 5 赋值给名称为 count2 的数值数据。

```
MODULE Module1
    VAR num count2;
    PROC Routing1()
        count2:=5;
    ENDPROC
ENDMODULE
```

2) 逻辑值数据 bool

bool 用于存储逻辑值(真/假)数据,即 bool 型数据值可以为 TRUE 或 FALSE。以下程序首先判断 count1 中的数值是否<60,如果<60,则向 lowvalue 赋值 TRUE,否则赋值 FALSE。

```
MODULE Module1
    VAR bool lowvalue;
    PROC Routing1()
        Lowvalue:=count1<60;
    ENDPROC
ENDMODULE
```

3) 字符串数据 string

string 用于存储字符串数据。字符串是由一串前后附有引号("")的字符(最多 80 个)

组成,例如:"This is a character string"。如果字符串中包括反斜线(\),则必须写两个反斜线符号,例如,"This string contains a \\ character"。

以下程序中,将 This is ABB robot 赋值给 text,运行程序后,在示教器中的操作员窗口将会显示 This is ABB robot 这段字符串。

```
MODULE Module1
    VAR string text;
    PROC Routing1()
        Text:="This is ABB robot";
        TPWrite text;
    ENDPROC
ENDMODULE
```

4) 位置数据 robtarget

robtarget(robot target)用于存储机器人和附加轴的位置数据。位置数据的内容是在运动指令中机器人和外轴将要移动到的位置。robtarget 由 4 个部分组成,如表 6-4 所示。

表 6-4 robtarger 数据表

组 件	描 述
trans	translation 数据类型:pos 工具中心点的所在位置(x、y 和 z),单位为 mm 存储当前工具中心点在当前工件坐标系的位置。如果未指定任何工件坐标系,则当前工件坐标系为大地坐标系
rot	rotation 数据类型:orient 工具姿态,以四元数的形式表示(q1、q2、q3 和 q4) 存储相对于当前工件坐标系方向的工具姿态。如果未指定任何工件坐标系,则当前工件坐标系为大地坐标系
robconf	robot configuration 数据类型:confdata 机械臂的轴配置(cf1、cf4、cf6 和 cfx)。以轴1、轴4 和轴6 当前1/4 旋转的形式进行定义。将第一个正1/4 旋转 0°~90°定义为 0。组件 cfx 的含义取决于机械臂类型
extax	external axes 数据类型:extjoint 附加轴的位置 对于旋转轴,其位置定义为从校准位置起旋转的度数 对于线性轴,其位置定义为与校准位置的距离(mm)

CONST robtarget p15 := [[600, 500, 225.3], [1, 0, 0, 0], [1, 1, 0, 0], [11, 12.3, 9E9, 9E9, 9E9, 9E9]];

位置 p15 定义如下:机器人在工件坐标系中的位置:$X = 600$、$Y = 500$、$Z = 225.3$ mm。工具的姿态与工件坐标系的方向一致。机器人的轴配置:轴1 和轴4 位于 90°~180°,轴6 位于 0°~90°。附加逻辑轴 a 和 b 的位置以度或毫米表示（根据轴的类型）。未定义轴 c 到轴 f。

5）关节位置数据 jointtarget

jointtarget 用于存储机器人和附加轴的每个单独轴的角度位置。通过 MoveaAbsJ 可以使机器人和附加轴运动到 jointtarget 关节位置处。jointtarget 由 2 个部分组成，如表 6‐5 所示。

表 6‐5 jointtarget 数据表

组 件	描 述
robax	robot axes 数据类型：robjoint 机械臂轴的轴位置，单位：度 将轴位置定义为各轴（臂）从轴校准位置沿正方向或反方向旋转的度数
extax	external axes 数据类型：extjoint 附加轴的位置 对于旋转轴，其位置定义为从校准位置起旋转的度数 对于线性轴，其位置定义为与校准位置的距离（mm）

CONST jointtarget calib_pos：＝［［0,0,0,0,0,0］,［0,9E9,9E9,9E9,9E9,9E9］］；

定义了 jointtarget 数据类型的常量 calib_pos，该数据中存储了机器人的机械原点位置，同时定义外部轴 a 的原点位置 0（度或毫米），未定义外轴 b 到 f。

6）速度数据 speeddata

speeddata 用于存储机器人和附加轴运动时的速度数据。速度数据定义了工具中心点移动时的速度、工具的重定位速度、线性或旋转外轴移动时的速度。speeddata 由 4 个部分组成，如表 6‐6 所示。

表 6‐6 speeddata 数据表

组 件	描 述
v_tcp	velocity tcp 数据类型：num 工具中心点（TCP）的速度，单位：mm/s 如果使用固定工具或协同的外轴，则是相对于工件的速率
v_ori	external axes 数据类型：num TCP 的重定位速度，单位：度/秒 如果使用固定工具或协同的外轴，则是相对于工件的速率
v_leax	velocity linear external axes 数据类型：num 线性外轴的速度，单位：mm/s
v_leax	velocity rotational external axes 数据类型：num 旋转外轴的速率，单位：度/秒

VAR speeddata vmedium：＝［1000,30,200,15］；

定义了速度数据 vmedium，TCP 速度为 1 000 mm/s。工具的重定位速度为 30°/s。线性外轴的速度为 200 mm/s。旋转外轴速度为 15°/s。

7）转角区域数据 zonedata

zonedata 用于规定如何结束一个位置，也就是在朝下一个位置移动之前，机器人必须知道如何接近编程位置。可以以停止点或飞越点的形式来终止一个位置。停止点意味着机械臂和外轴必须在使用下一个指令来继续程序执行之前达到指定位置（静止不动）。飞越点意味着从未达到编程位置，而是在达到该位置之前改变运动方向。zonedata 由 7 个部分组成，如表 6－7 所示。

表 6－7　zonedata 数据表

组　件	描　　　述
finep	fine point 数据类型：bool 规定运动是否以停止点(fine点)或飞越点结束 • TRUE：运动随停止点而结束，且程序执行将不再继续，直至机械臂达到停止点。未使用区域数据中的其他组件数据 • FALSE：运动随飞越点而结束，且程序执行在机械臂达到区域之前继续进行大约 100 ms
pzone_tcp	path zone TCP 数据类型：num TCP 区域的尺寸(半径)，单位：mm 根据以下组件 pzone_ori…zone_reax 和编程运动，将扩展区域定义为区域的最小相对尺寸
pzone_ori	path zone orientation Data type：num 有关工具重新定位的区域半径。将半径定义为 TCP 距编程点的距离，单位：mm 数值必须大于 pzone_tcp 的对应值。如果低于，则数值自动增加，以使其与 pzone_tcp 相同
pzone_eax	path zone external axes 数据类型：num 有关外轴的区域半径。将半径定义为 TCP 距编程点的距离，以 mm 计 数值必须大于 pzone_tcp 的对应值。如果低于，则数值自动增加，以使其与 pzone_tcp 相同
zone_ori	zone orientation 数据类型：num 工具重定位的区域半径大小，单位：度 如果机械臂正夹持着工件，则是指工件的旋转角度
zone_leax	zone linear external axes 数据类型：num 线性外轴的区域半径大小，单位：mm
zone_reax	zone rotational external axes 数据类型：num 旋转外轴的区域半径大小，单位：度

VAR zonedata path ：= 〔FALSE, 25, 40, 40, 10, 35, 5〕;

通过以下数据，定义转角区域数据 path。TCP 路径的区域半径为 25 mm。工具重定位的区域半径为 40 mm（TCP 运动）。外轴的区域半径为 40 mm（TCP 运动）。如果 TCP 静止不动，或存在大幅度重新定位，或存在有关该区域的外轴大幅度运动，则应用以下规定：

(1) 工具重定位的区域半径为 10°。

(2) 线性外轴的区域半径为 35 mm。

(3) 旋转外轴的区域半径为 5°。

5. 数据的编辑

对建立的程序数据可以进行编辑，不同类型的数据其编辑功能有少许区别。图 6-8 是名称为 i 的 num 类型的编辑菜单，可以对其进行删除、更改声明、更改值和复制操作。图 6-9 是名称为 phome 的 robtarget 类型的编辑菜单，其增加了一个修改位置的操作，可以对机器人的位置重新记录。

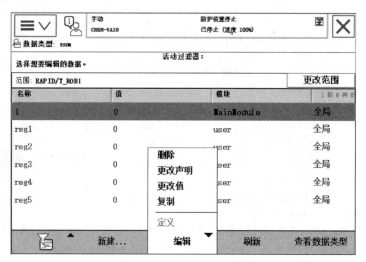

图 6-8 num 数据类型编辑

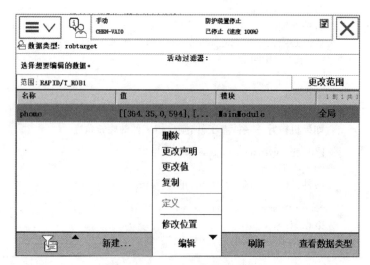

图 6-9 robtarget 数据类型编辑

项目实践

1. 项目要求

解压 XM6_1.rspag 文件,工作站如图 6-10 所示。建立一个数据类型为 jointtarget,名称为 jhome 的数据,机器人 1 轴到 6 轴的数据为[0, 0, 0, 0, 45, 0],如图 6-11 所示。以 MyTool 为工具,建立 p10、p20、p30、p40、p50 的 robtarget 数据,如图 6-12 所示。

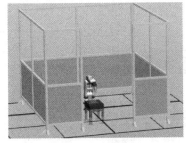

图 6-10　工作站

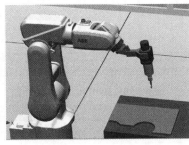

图 6-11　jhome 位置

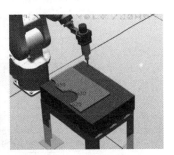

图 6-12　示教点

2. 操作过程

(1) 在软件中解压 XM6_1.rspag 工作站文件。

(2) 从主菜单进入程序数据界面,如图 6-13 所示。

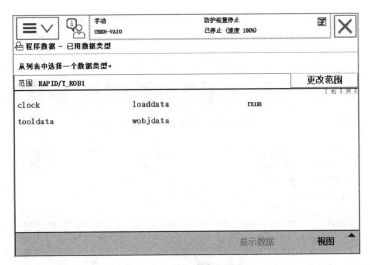

图 6-13　程序数据界面

(3) 在图 6-13 中单击"视图"按钮,然后选择"全部数据类型",在全部数据类型界面中选择 jointtarget 数据类型,单击后出现如图 6-14 所示的 jointtarget 数据界面。

(4) 单击图 6-14 中的"新建"按钮,弹出如图 6-15 所示 jointtarget 新数据声明窗口,新建 jointtarget 数据,并命名为 jhome。

(5) 单击"确定"按钮后,jhome 数据新建完成,在图 6-16 中的编辑菜单中选择更改值。

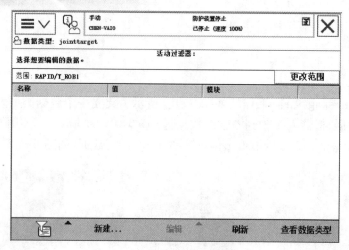

图 6-14 jointtarget 数据界面

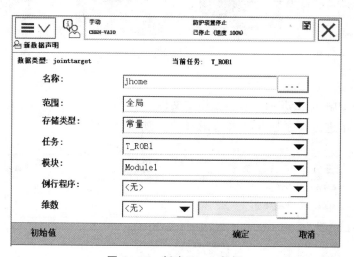

图 6-15 新建 jhome 数据

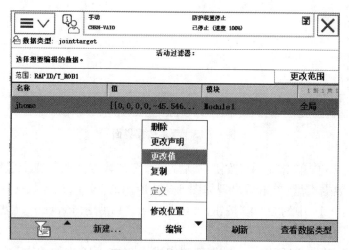

图 6-16 选择更改值

(6) 在图6-17中,将机器人轴1—轴6的数值修改为[0,0,0,0,45,0],单击"确定"按钮后,jhome数据建立完成。

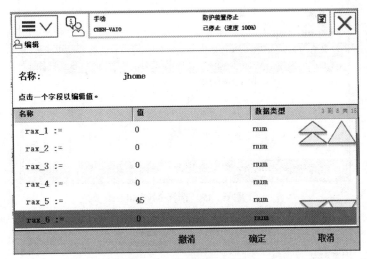

图6-17 更改jhome数据

(7) 图6-18所示的主菜单,在手动操纵界面,单击"工具坐标"按钮,选择"MyTool",并确定,如图6-19所示。

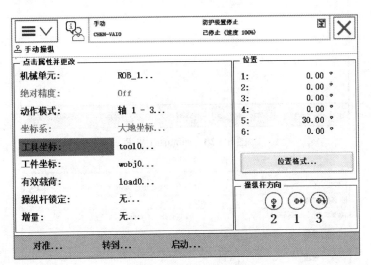

图6-18 选择工具坐标

(8) 进入如图6-20所示的robtarget界面,单击"新建"按钮,出现如图6-21所示的界面。

(9) 在图6-21所示的robtarget新数据声明窗口,新建robtarget数据,命名为p10。

(10) p10数据新建完成后,通过手动操作,将机器人的MyTool工具中心点移动到如图6-22的位置。

(11) 回到robtarget数据界面,选中p10目标点,在编辑菜单中单击"修改位置"按钮将p10目标点记录,如图6-23所示。

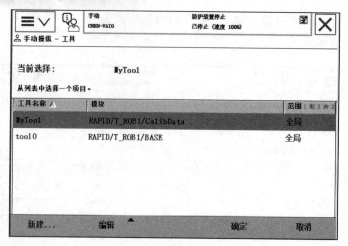

图 6-19　选择 MyTool

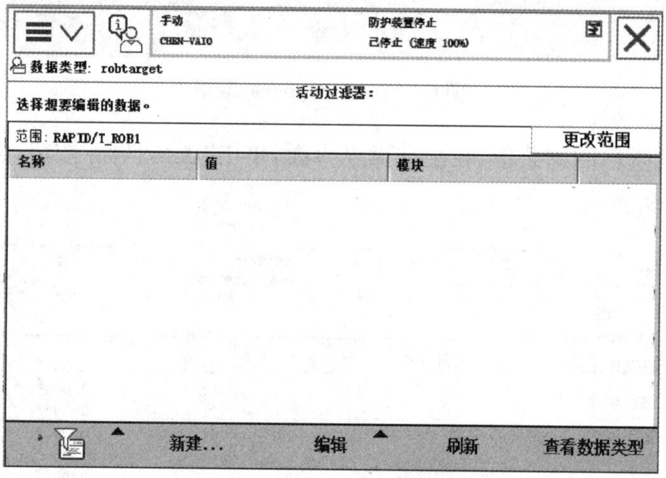

图 6-20　robtarget 界面

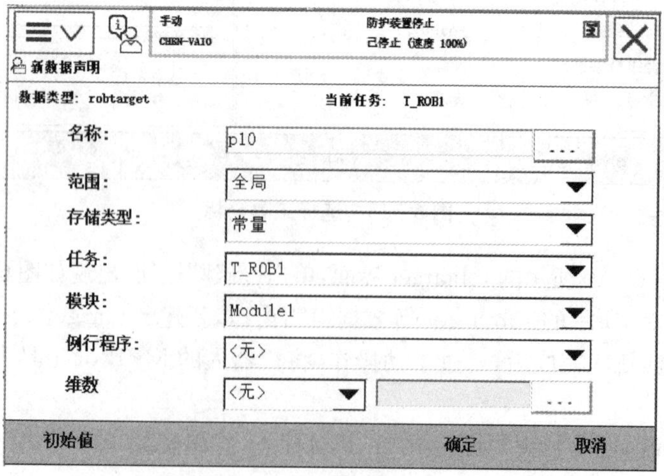

图 6-21　新建 p10 数据

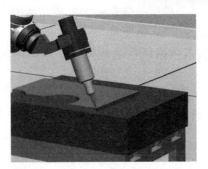

图 6-22　p10 目标点

图 6-23　记录 p10 目标点位置

（12）同样方法，建立 p20、p30、p40、p50 的 robtarget 数据。

习　题

1. 填空题

（1）程序数据的存储类型有＿＿＿＿、＿＿＿＿和＿＿＿＿三类。

（2）ABB 机器人 102 个程序数据中，num 是＿＿＿＿数据、bool 是＿＿＿＿数据、string 是＿＿＿＿数据、robtarget 是＿＿＿＿数据、jointtarget 是＿＿＿＿数据、speeddata 是＿＿＿＿数据、zonedata 是＿＿＿＿数据。

2. 单选题

（1）机器人最常用的位置数据类型为（　　）。

A. robPosition　　　　　　　B. robtarget　　　　　　　C. jointarget

（2）在程序运行过程中对数据进行赋值，需要使用（　　）赋值符号。

A. ＝　　　　　　　　　　B. ＝＝　　　　　　　　　C. :＝

(3) 程序指针重置后,(　　)类型的数据会恢复成初始值。

A. 变量　　　　　　　　　　B. 可变量　　　　　　　　　　C. 常量

(4) 如果创建一个只能被该数据所在的程序模块所调用的数据,则其范围需要设置为(　　)。

A. 全局　　　　　　　　　　B. 本地　　　　　　　　　　C. 任务

(5) 赋值运算中,被赋值对象的数据不能是(　　)类型。

A. 常量　　　　　　　　　　B. 变量　　　　　　　　　　C. 可变量

项目七
建立机器人坐标系

任务目标

（1）认识机器人坐标系统。
（2）创建机器人工具坐标。
（3）创建工件坐标。

任务描述

通过认识机器人坐标系统，了解不同坐标系间的关系，以便于编程控制与操作工业机器人。同时以 ABB 的 IRB120 机器人为例，学会工具坐标与工件坐标的创建，能正确进行机器人位置示教的操作，并熟悉多工件工作环境的机器人操作。

学习与实践

1. 机器人坐标系统介绍

为了描述机器人的运动，以便于编程控制与操作，常需要定义多种坐标系。

1) 基坐标系（base coordinate system）

基（固定）坐标系（通常用字母 B 表示，有时会表示为 O，固定在机器人的基座上，通常 X 轴表示机器人手臂方向，Y 轴表示机器人横方向，Z 轴表示机器人身高方向。基坐标系在机器人基座中有相应的零点，这使固定安装的机器人的移动具有可预测性。因此它对于将机器人从一个位置移动到另一个位置很有帮助。

2) 大地坐标系（world coordinate system）

大地坐标系（又称为通用坐标系）在工作单元或

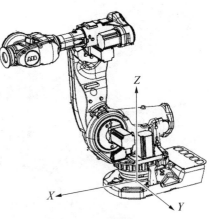

图 7 - 1　基坐标系

工作站中的固定位置有其相应的零点。是机器人坐标系中最大的一个坐标系,用于多台机器人或由外轴移动的机器人的协调控制。在单台机器人工作的默认情况下,大地坐标系与基坐标系是一致的。

图7-2所示为两个机器人的基坐标系与大地坐标系。

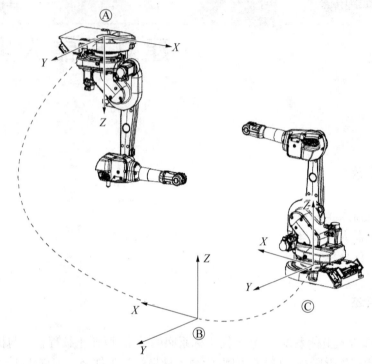

图7-2 多个机器人与大地坐标系

A—机器人1的基坐标系;B—大地坐标系;C—机器人2的基坐标系

3) 工具坐标系(tool coordinate system)

ABB机器人有一个默认工具坐标系为tool0,它位于机器人安装法兰的中心,也称为腕坐标系,相对于基坐标系定义。

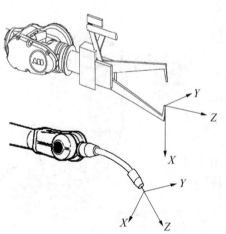

工具坐标系固定在工具的端部,其坐标原点为工具中心点,由此定义工具的位置和方向,工具坐标系中心缩写为TCP(tool center point)。执行程序时,机器人就是将TCP移至编程位置。这意味着,如果要更改工具机器人的移动将随之更改,以便新的TCP到达目标。

4) 工件坐标系(work object coordinate system)

工件坐标系是用来描述工件位置的坐标系,拥有特定附加属性,主要用于简化编程(见图7-4)。工件坐标系拥有两个框架:用户框架和工件框架(又叫对象框架)。工作台(用户)框架,固

图7-3 工具坐标系

定在工作台的角上,相对于大地或基坐标系定义;工件框架,固定在工作台上,相对于工作台坐标系定义。因此,在进行机器人控制编程时,所有的编程位置将与工件框架关联,工件框架与用户框架关联,而用户框架与大地坐标系关联。

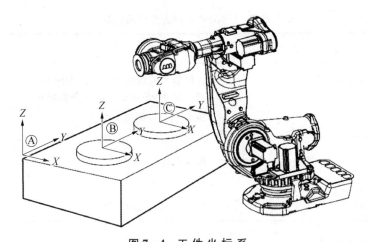

图7-4　工件坐标系

A—用户框架;B—工件框架1;C—工件框架2

5) 多坐标系系统

一个完整的工作站要具备机器人、工具、工件等,其坐标系统,被称为多坐标系系统,如图7-5所示。

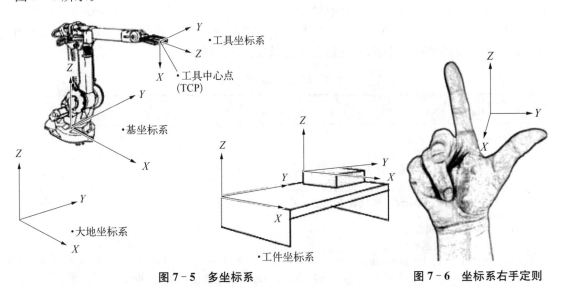

图7-5　多坐标系　　　　　　　　　　图7-6　坐标系右手定则

坐标系的方向可由右手定则确定(见图7-6),具体方法如下:

伸出右手,让拇指和食指成"L"形,大拇指向右,食指向上,中指指向前方,其余手指蜷起,这样就建立了一个右手坐标系,方向定义:

(1) 中指所指方向即为全局坐标 $X+$(向前)。

(2) 拇指所指方向即为全局坐标 $Y+$(右手定则)。

（3）食指所指方向即为全局坐标 $Z+$（向上）。

在 ABB 机器人的使用中，有一些常用的首字母缩写名称，表 7-1 列举了部分与坐标系相关的缩写及其说明。

表 7-1　ABB 机器人坐标系说明

名　　称	说　　明
RC-WCS	在机器人控制器中定义的大地坐标系 它与 RobotStudio 中的任务框相对应
BF	Base Frame 机器人基座
TCP	Tool Center Point 工具中心点
P	机器人目标
TF	Task Frame 任务框
Wobj	Work Object 工件坐标

2. 机器人坐标系统创建

在进行正式的编程之前，需要构建起必要的编程环境，其中有 3 个必需的程序数据（工具数据 tooldata、工件坐标 wobjdata、负荷数据 loaddata）需要在编程前进行定义。

1）工具数据 tooldata 的设定

不同的机器人应用配置不同的工具，如弧焊的机器人就使用弧焊枪作为工具，而用于搬运板材的机器人就会使用吸盘式的夹具作为工具。工具数据 tooldata 用于描述安装在机器人第六轴上的工具 TCP、质量、重心等参数数据，此类特征包括工具中心点（TCP）的位置和方位以及工具负载的物理特征，由三部分组成，如表 7-2 所示。

表 7-2　tooldata 的组成

组　　件	描　　述
robhold	robot hold 数据类型：bool 定义机械臂是否夹持工具： · TRUE：机械臂正夹持着工具 · FALSE：机械臂未夹持工具，即为固定工具
tframe	tool frame 数据类型：pose 工具坐标系，即： · TCP 的位置（x、y 和 z），单位：mm，相对于腕坐标系（tool0） · 工具坐标系的方向，相对于腕坐标系
tload	tool load 数据类型：loaddata **机械臂夹持着工具：** 工具的负载，即： · 工具的质量（重量），单位：kg

（续表）

组　件	描　述
	• 工具负载的重心（x、y 和 z），单位：mm，相对于腕坐标系 • 工具力矩主惯性轴的方位，相对于腕坐标系 • 围绕力矩惯性轴的惯性矩，单位：kg·m²。如果将所有惯性部件定义为 0 kg·m²，则将工具作为一个点质量来处理 **固定工具：** 用于描述夹持工件的夹具的负载： • 所移动夹具的质量（重量），单位：kg • 所移动夹具的重心（x、y 和 z），以 mm 计，相对于腕坐标系 • 所移动夹具力矩主惯性轴的方位，相对于腕坐标系 • 围绕力矩惯性轴的惯性矩，单位：kg·m² 如果将所有惯性部件定义为 0 kg·m²，则将夹具作为一个点质量来处理

以 tGrip 这个工具数据为例，其定义为：

PERS tooldata tGrip：=［TRUE,［［0，0，200］，［1，0，0，0］］，［24，［0，0，130］，［1，0，0，0］，0，0，0］］；

其组成如表 7-3 所示。

表 7-3　tGrip 工具组成表

组　件	值	说　明
robhold	TRUE	机械臂正夹持着工具
tframe	［0，0，200］，［1，0，0，0］	TCP 的位置（0，0，200），与腕坐标系（tool0）方向相同
tload	［24，［0，0，130］，［1，0，0，0］，0，0，0］	工具的质量 24 kg，工具负载的重心（0、0 和 130），可将负载视为一个点质量，即不带转矩惯量

ABB 机器人默认工具（tool 0）是腕坐标系，其工具中心点 TCP 位于机器人安装法兰的中心，即图 7-7 中 A 点。工具是独立于机器人的，由具体应用来确定。

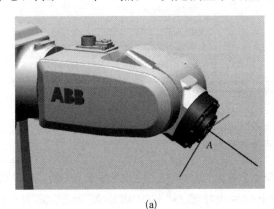
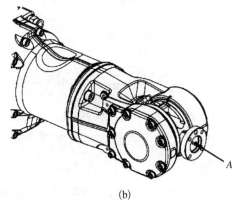

(a)　　　　　　　　　　　　　　　(b)

图 7-7　工具中心点 TCP

有了工具的中心,在实际应用中示教就会方便很多。如以 TCP 为原点来建立一个新的空间直角坐标系。tooldata 设定方法有 3 种:

(1) 4 点法,不改变 tool0 的坐标方向。

(2) 5 点法,改变 tool0 的 Z 方向。

(3) 6 点法,改变 tool0 的 X 和 Z 方向(在焊接应用最为常用)。

前 3 个点的姿态相差尽量大些,这样有利于 TCP 精度的提高。

tooldata 设定原理如下:

(1) 首先在机器人工作范围内找一个非常精确的固定点作为参考点。

(2) 然后在工具上确定一个参考点(最好是工具的作用点)。

(3) 用之前介绍的手动操作机器人的方法,去移动工具上的参考点,以 4 种以上不同的机器人姿态尽可能与固定点刚好碰上。为了获得更准确的 TCP,在以下的例子中使用 6 点法进行操作,第 4 点是用工具的参考点垂直于固定点,第 5 点是工具参考点从固定点向将要设定为 TCP 的 X 方向移动,第 6 点是工具参考点从固定点向设定为 TCP 的 Z 方向移动。

(4) 机器人通过这 4 个位置点的位置数据计算求得 TCP 的数据,然后 TCP 的数据就保存在 tooldata 这个程序数据中被程序进行调用。

下面通过建立一个新的工具数据 tool 1,来学习并练习具体的操作方法。

打开虚拟示教器后,设置手动方式,进入主界面,选择"手动操纵",进入图 7-8 中选择"工具坐标"选项,进入后单击"新建"按钮生成 tool 1,进入图 7-9 所示的设定窗口,对工具数据属性进行设定后,单击"确定"按钮。

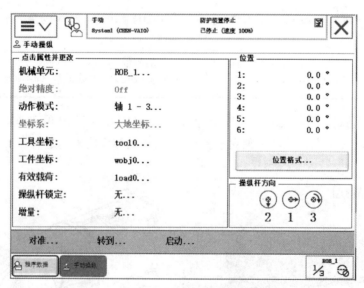

图 7-8　手动操纵界面

在图 7-10 窗口,选中新建的 tool1 后,单击"编辑"菜单中的"定义"按钮,在图 7-11 坐标定义窗口,选择坐标定义方法,在"方法"的下拉菜单中选择"TCP 和 Z,X"选项,使用 6 点法设定 TCP。

图 7 - 9　新建工具数据

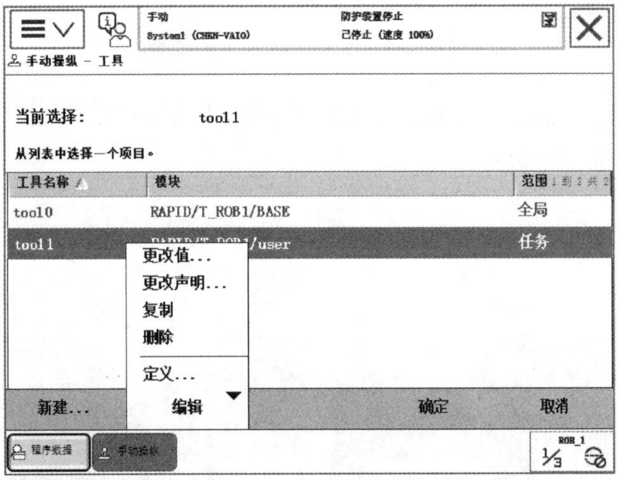

图 7 - 10　工具坐标定义

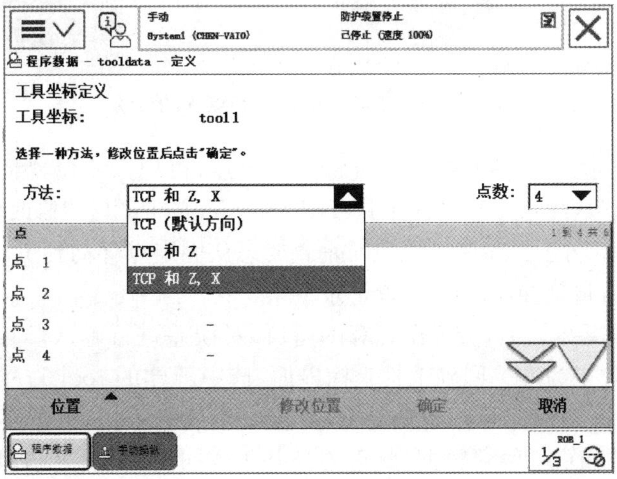

图 7 - 11　坐标定义方法选择

选择工作站中一固定点,本例以图 7-12 中工件上一顶点 A 为固定点。选择合适的手动操纵模式,按下使能键,使用摇杆使工具参考点靠上固定点,作为第一点,然后单击"修改位置"按钮,将点 1 位置记录下来。

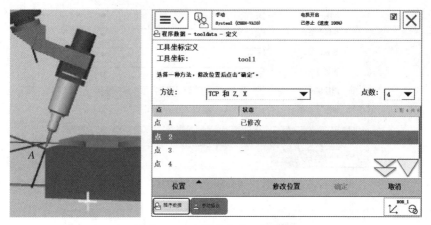

图 7-12 工具坐标点 1 的设置

下面可以左右改变姿态,再分别靠上固定点,确定后单击"修改位置"按钮,将点 2 和点 3 位置记录下来,如图 7-13 所示。

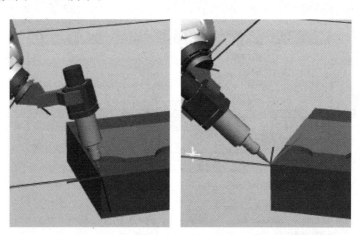

图 7-13 工具坐标点 2 和点 3 的设置

而点 4 的位置必须工具参考点以垂直靠上固定点,再把点 4 位置记录下来。工具参考点以点 4 的垂直姿态从固定点移动到工具 TCP 的+X 方向,单击"修改位置"按钮将延伸器点 X 位置记录下来。再工具参考点以点 4 垂直姿态从固定点移动到工具 TCP 的+Z 方向,单击"修改位置"按钮将延伸器点 Z 位置记录下来。

6 个点设定完成并确认后,会弹出计算的窗口,对误差进行确认,当然是误差越小越好,但也要以实际验证效果为准。回到工具坐标界面,选中新建的 tool 1,然后打开编辑菜单选择"更改值"选项,在此界面显示内容都是 TCP 定义生成的数据,根据实际情况设定工具的质量 mass(单位 kg)和重心位置数据(此重心是基于 tool 0 的偏移值,单位 mm),然后单击"确定"按钮。

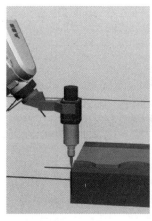
图 7-14 点 4

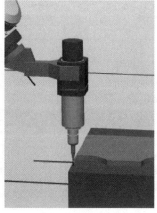
图 7-15 点 X

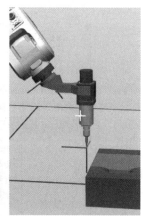
图 7-16 点 Z

使用摇杆将工具参考点靠上固定点，然后在重定位模式下手动操纵机器人，如果 TCP 设定精确的话，可以看到工具参考点与固定点始终保持接触，而机器人会根据重定位操作改变。

而对于图 7-17 和图 7-18 所示的规则工具，可以采用直接定义的方法，将新建的工具坐标偏移值输入。

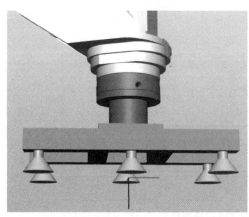
图 7-17 吸盘工具

图 7-18 描绘笔工具

以吸盘工具为例，创建一个 tGrip 的工具坐标，其坐标原点相对 tool 0 在 X 和 Y 方向没有偏移，Z 方向偏移 200 mm，坐标方向不变。创建 tGrip 工具后，在图 7-19 的编辑菜单中选择"更改值"选项，在弹出 tGrip 编辑窗口进行设置。

新建的吸盘工具坐标系只是坐标系原点相对于 tool 0 来说沿着其 Z 轴正方向偏移 200 mm，X 轴、Y 轴、Z 轴方向不变，沿用 tool 0 方向，如图 7-20 所示。吸盘工具质量 24 kg，重心沿 tool 0 坐标系 z 方向偏移 130 mm。在示教器中，编辑工具数据确认各项数值，具体数值如表 7-4 所示。

对于搬运应用的机器人，应正确设定工具的 tload 数据，即工具的质量 mass、重心 cog 数据。这些数据如果已知，如上述吸盘工具，可直接在更改值里进行设定。对于未知的，请参考本节后文中的负载设置部分。

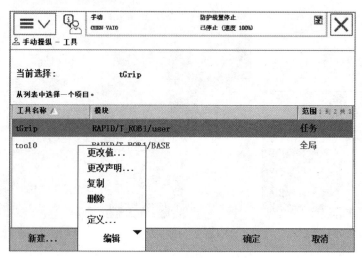

图 7 - 19 工具窗口编辑菜单

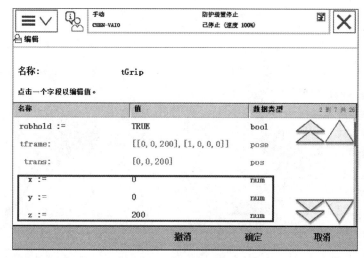

图 7 - 20 **tGrip** 编辑窗口

表 7 - 4 **tGrip 工具坐标系数据**

参数名称 tGrip		参数数值 TRUE
trans	X	0
	Y	0
	Z	200
rot	q1	1
	q2	0
	q3	0
	q4	0
	mass	24

（续表）

参数名称		参数数值
tGrip		TRUE
cog	X	0
	Y	0
	Z	130
其余参数均为默认值		

2）工件坐标创建

工件坐标对应于工件，它定义工件相对于大地坐标（或其他坐标）的位置。机器人可以拥有若干工件坐标系，或者表示不同工件，或者表示同一工件在不同位置的若干副本。

对机器人进行编程时就是在工件坐标中创建目标和路径。这带来很多优点。

（1）重新定位工作站中的工件时，只需要更改工件坐标的位置，所有路径将即刻随之更新。

（2）允许操作以外轴或传送导轨移动的工件，因为整个工件可连同其路径一起移动。

在对象的平面上，只需要定义 3 个点，就可建立一个工件坐标，工件坐标符合右手定则。

（1）$X1$、$X2$ 确定工件坐标 X 正方向。

（2）$Y1$ 确定工件坐标 Y 正方向。

（3）工件坐标系的原点是 $Y1$ 在工件坐标 X 上的投影。

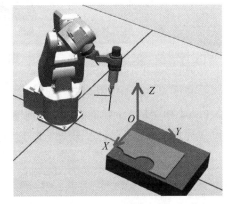

图 7 - 21　工件坐标

设立如图 7 - 21 所示的工件坐标，过程如下。

打开虚拟示教器后，设置手动方式，进入图 7 - 8 手动操纵界面，选择"工件坐标"选项，进入后单击"新建"按钮，进入"新数据声明"窗口，对工件数据属性进行设定（工件坐标名默认为 wobj1），如图 7 - 22 所示，单击"确定"按钮，即完成工件坐标新建。

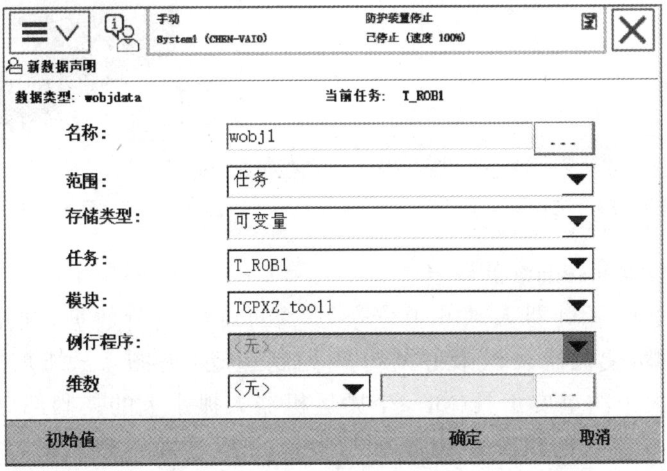

图 7 - 22　工件坐标声明

在图 7-23 所示的工件坐标窗口,选中"wobj1"工件坐标,单击"编辑"菜单,选择"定义"选项,在图 7-24 界面中进行工件坐标定义。

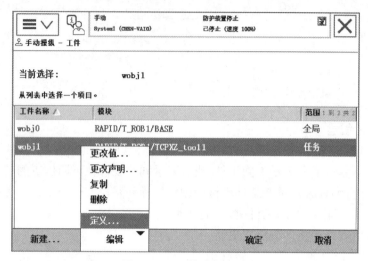

图 7-23　工件坐标窗口

在图 7-24 中,用户方法选择"3 点",然后手动操作机器人依次移至图 7-25 所示的 $X1$、$X2$ 和 $Y1$ 三个位置,每移动到一个位置后在图 7-24 中单击"修改位置"按钮进行记录。设置完成后,单击"确定"按钮,工件坐标 wobj1 即设置完成。

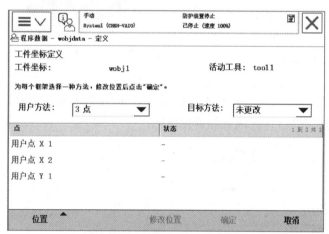

图 7-24　工件坐标定义

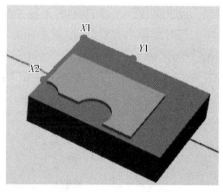

图 7-25　3 点位置

3) 有效载荷数据 loaddata 的设定

载荷数据用于设置机器人轴 6 上安装法兰的负载载荷数据,被用来建立一个机器人的动力学模型,使机器人以最好的方式控制运动(见图 7-26)。loaddata 是确定机器人实际载荷大小的重要工具(如一个搬运机器人抓手上的夹紧部分)。不正确的载荷数据可以导致机器人的机械结构超载。当指定不正确的数据时,往往会导致如下结果:

（1）机器人不会使用它的最大容量。

（2）受影响的路径精度包括过冲的风险（当伺服电机的惯量匹配不恰当时，所引起的伺服电机 PID 闭环超调震荡）。

（3）机械单元过载的风险。

对于搬运应用的机器人，应该正确设定夹具的质量、重心以及搬运对象的质量和重心数据。loaddata 可用来优化伺服驱动器的 PID 参数。

通过指令 GripLoad 或 MechUnitLoad 来设置机器人夹具所夹持的负载。

下列程序是对载荷加载

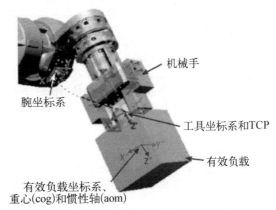

图 7-26　有效载荷及相关定义

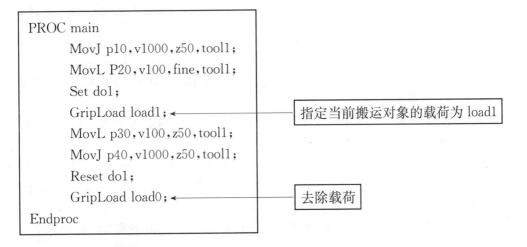

```
PROC main
        MovJ p10,v1000,z50,tool1;
        MovL P20,v100,fine,tool1;
        Set do1;
        GripLoad load1;    ◄────────────────  指定当前搬运对象的载荷为 load1
        MovL p30,v100,z50,tool1;
        MovJ p40,v1000,z50,tool1;
        Reset do1;
        GripLoad load0;    ◄────────────────  去除载荷
Endproc
```

loaddata 由 6 个组成部分，如表 7-5 所示。

表 7-5　loaddata 组成表

组　件	描　　述
mass	数据类型：num 负载的重量，单位：kg
cog	center of gravity 数据类型：pos 如果机械臂正夹持着工具，则有效负载的重心是相对于工具坐标系，单位：mm 如果使用固定工具，则有效负载的重心是相对于机械臂上的可移动的工件坐标系
aom	axes of moment 数据类型：orient 矩轴的方向姿态。是指处于 cog 位置的有效负载惯性矩的主轴 如果机械臂正夹持着工具，则方向姿态是相对于工具坐标系 如果使用固定工具，则方向姿态是相对于可移动的工件坐标系

（续表）

组　件	描　述
ix	inertia x 数据类型：num 负载绕着 X 轴的转动惯量，单位：kg·m² 转动惯量的正确定义，则会合理利用路径规划器和轴控制器。当处理大块金属板时，该参数尤为重要。所有等于 0 kg·m² 的转动惯量 i_x、i_y 和 i_z 均指一个点质量
iy	inertia y 数据类型：num 负载绕着 Y 轴的转动惯量，单位：kg·m²
iz	inertia z 数据类型：num 负载绕着 Z 轴的转动惯量，单位：kg·m²

以载荷数据 piece1 为例，定义内容如下：

PERS loaddata piece1 := [5, [50, 0, 50], [1, 0, 0, 0], 0, 0, 0];

其含义为：重量 5 kg，重心为 $x=50$ mm，$y=0$ mm 和 $z=50$ mm，相对于工具坐标系。有效负载为一个点质量。

为机器人设定正确的 loaddata 是非常重要的，因为有了正确的数据设定以后，机器人在进行运动运算时，才能更好地进行各轴扭矩的控制，有效地防止了因输出功率的过大或过小，而造成的机器人电机和机构的异常损坏。Load Identify 是 ABB 机器人工具和载重的重量和重心数据的识别功能。只需要执行这个程序（指令为 LoadId），就可以轻松设定 tooldata 和 loaddata。具体操作过程参考 ABB 使用说明书。

loaddata 是 tooldata 的一个组成部分，对于位置工具的负载数据，也可采用 Load Identify 来设置。

ABB 软件中，预定义一个载荷 load0，其质量等于 0 kg，即没有载荷。将该载荷作为指令 GripLoad 和 MechUnitLoad 中的参数，以断开有效载荷。

始终可以从程序获得载荷 load0，但是无法进行改变（其储存在系统程序模块 BASE 中）。

PERS loaddata load0 := [0.001, [0, 0, 0.001], [1, 0, 0, 0], 0, 0, 0];

下面设定一个新的载荷数据 load1 := [5, [50, 0, 50], [1, 0, 0, 0], 0, 0, 0]，其操作过程如下。

（1）打开图 7-27 的主菜单，单击"手动操纵"，然后在图 7-28 中选择打开"有效载荷"。

（2）在图 7-29 的有效载荷界面中，已预定义数据 load0，单击"新建"，进入图 7-30 的新数据声明界面，编辑新载荷数据名称为：load1。

（3）在图 7-31 中，选中数据 load1，单击"编辑"，在菜单中选择"更改值"，将 mass、cog、aom 的值按照上文所给数据更改，如图 7-32 所示。

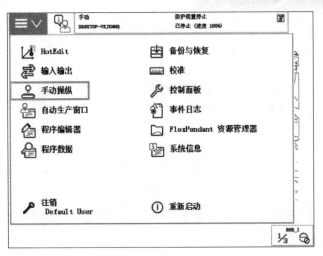

图 7-27　主　菜　单

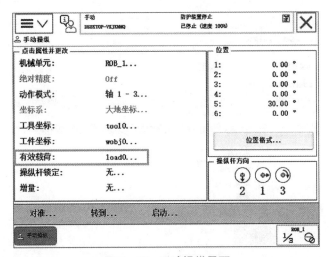

图 7-28　手动操纵界面

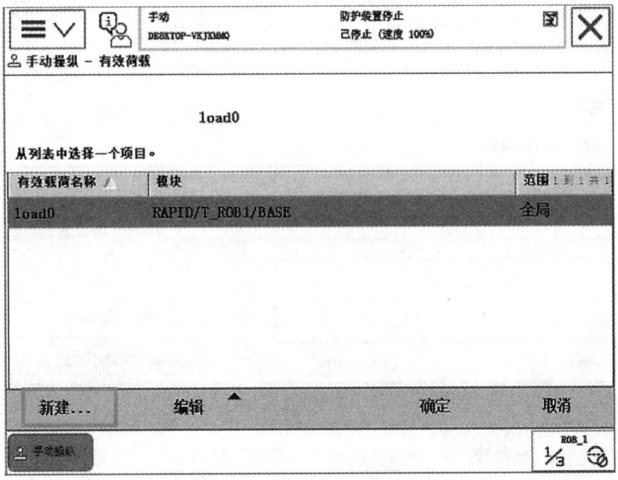

图 7-29　有效载荷界面

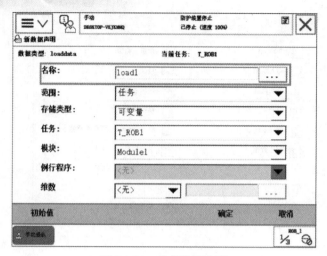

图7-30 载荷数据申明

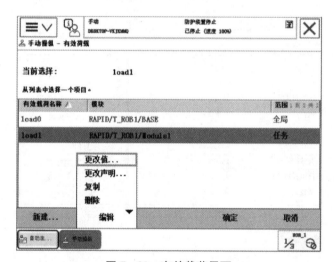

图7-31 有效载荷界面

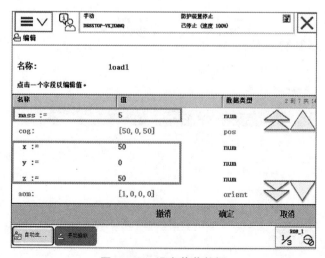

图7-32 设定载荷数据

项目实践

1. 项目要求

解压 XM7_1.rspag 文件，工具坐标 MyTool 和工件坐标 Wobj1 已经建立，工作站如图 7-33 所示。

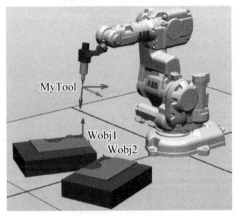

图 7-33　工作站

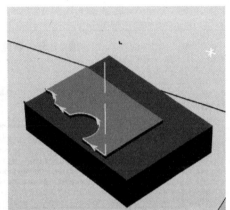

图 7-34　工作站路径

已编写程序的功能为机器人从工作原点 phome 出发沿着工件 1 的边沿走一圈，如图 7-34 所示。

代码如下所示：

```
PROC main()
    MoveJ phome, v1000, fine, tool0;
    WaitTime 0.5;
    MoveJ p0, v1000, fine, MyTool\\WObj:=Wobj1;
    MoveL p10, v1000, fine, MyTool\\WObj:=Wobj1;
    MoveC p20, p30, v1000, fine, MyTool\\WObj:=Wobj1;
    MoveL p40, v1000, fine, MyTool\\WObj:=Wobj1;
    MoveC p50, p60, v1000, fine, MyTool\\WObj:=Wobj1;
    WaitTime 0.5;
    MoveJ phome, v1000, fine, tool0;
ENDPROC
```

要求不进行新的目标点示教，使机器人完成工件 1 轨迹后回到原点再沿工件 2 走 1 圈。机器人动作参看 XM7_2.exe 文件。

2. 操作过程

（1）在软件中解压 XM7_1.rspag 工作站文件。

（2）采用 3 点法新建 Wobj2 工件坐标，选取的 3 个点如图 7-35 所示。

（3）打开程序编辑器，将图 7-36 中框中指定复制并粘贴到最后。并将 Wobj1 修改为

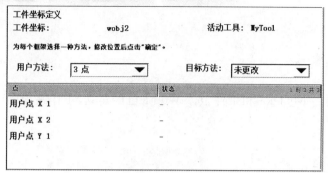

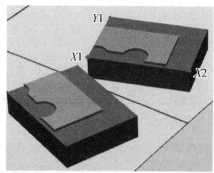

图 7‑35　新建工件坐标 Wobj2

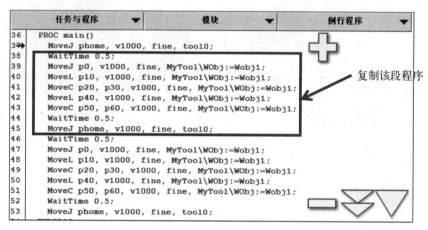

图 7‑36　复制粘贴指令

Wobj2。

（4）在程序编辑器中，将程序后半部分的 Wobj1 修改为 Wobj2。修改完成后程序如下：

PROC main()

MoveJ phome，v1000，fine，tool0；

WaitTime 0.5；

MoveJ p0，v1000，fine，MyTool\\WObj：=Wobj1；

MoveL p10，v1000，fine，MyTool\\WObj：=Wobj1；

MoveC p20，p30，v1000，fine，MyTool\\WObj：=Wobj1；

MoveL p40，v1000，fine，MyTool\\WObj：=Wobj1；

MoveC p50，p60，v1000，fine，MyTool\\WObj：=Wobj1；

WaitTime 0.5；

MoveJ phome，v1000，fine，tool0；

WaitTime 0.5；

MoveJ p0，v1000，fine，MyTool\\WObj：=Wobj2；

MoveL p10，v1000，fine，MyTool\\WObj：=Wobj2；

MoveC p20，p30，v1000，fine，MyTool\\WObj：=Wobj2；

MoveL p40，v1000，fine，MyTool\\WObj：＝Wobj2；

MoveC p50，p60，v1000，fine，MyTool\\WObj：＝Wobj2；

WaitTime 0.5；

MoveJ phome，v1000，fine，tool0；

ENDPROC

（5）运行程序，观察运行的结果。

 习 题

1. 填空题

（1）机器人的坐标系有_____、_____、_____、_____和_____五种。

（2）ABB 机器人默认工具 tool 0 是腕坐标系，其工具中心点 TCP 位于机器人安装____

____的中心。

（3）重新定位工作站中的工件时，需要更改_____坐标的位置。

2. 单选题

（1）搬运类工具坐标系的设置，一般是沿着初始 tool 0 的（   ）进行偏移。

A. X B. Y C. Z

（2）三点法创建工件坐标系，其原点位于（   ）。

A. $X1$ 点   B. $Y1$ 点   C. $Y1$ 在工件坐标 X 上的投影点

（3）工件坐标系中的用户框架是相对（   ）坐标系创建的。

A. 大地坐标系   B. 基坐标系   C. 工件坐标系

（4）在程序中加载有效载荷数据使用（   ）指令。

A. Load   B. LoadSet   C. GripLoad

（5）下面（   ）应用必须创建有效载荷数据类型 loaddata。

A. 激光切割   B. 物料搬运   C. 弧焊

项目八
建立程序框架及编写简单程序

 **任务目标**

（1）了解 RAPID 程序结构。

（2）掌握建立程序模块与例行程序的一般步骤。

（3）熟练使用常规 RAPID 程序指令与功能。

 **任务描述**

了解 RAPID 程序语言的基本框架结构、掌握建立程序模块与例行程序的一般步骤，熟练使用 Move L、Move J、Set、While 等常规的运动指令、I/O 控制指令、条件逻辑判断指令等编写机器人程序。

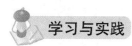 **学习与实践**

1. 认识 RAPID 程序结构

要使工业机器人动起来，必须给机器人一系列的指令，ABB 机器人通过编写由程序模块组成的 RAPID 程序来实现机器人的控制。RAPID 是一种英文编辑语言，它包含了一连串控制机器人的指令，可以实现移动机器人、设置输出、读取输入，还能实现决策、重复其他指令、构造程序以及与系统操作员交流等功能。RAPID 程序的基本架构如表 8-1 和图 8-1 所示。

RAPID 程序的架构说明：

（1）RAPID 程序是由程序模块和系统模块组成。一般只通过新建程序模块来构建机器人的程序，而系统模块多用于系统方面的控制。

（2）可以根据不同的用途创建多个程序模块，如专门用于主控制的程序模块，用于位置计算的程序模块，用于存放数据的程序模块，这样便于归类管理不同用途的例行程序与数据。

表 8-1　RAPID 程序的基本架构

RAPID 程序			
程序模块 1	程序模块 2	程序模块 3	程序模块 4
程序数据 主程序 MAIN 例行程序 中断程序 功能	程序数据 例行程序 中断程序 功能	…… …… …… …… ……	程序数据 例行程序 中断程序 功能

（3）每一个程序模块包含了程序数据、例行程序、中断程序和功能 4 种对象，但不一定在一个模块中都有这 4 种对象，程序模块之间的数据、例行程序、中断程序和功能是可以相互调用的。

（4）在 RAPID 程序中，只有一个主程序 main，可存在于任意一个程序模块中，并作为整个 RAPID 程序执行的起点。

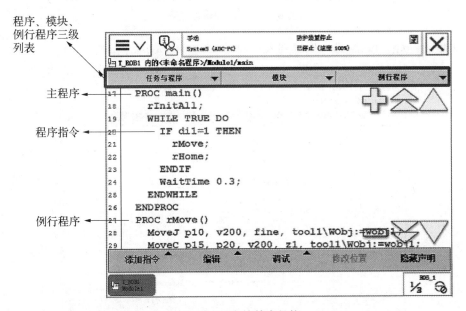

图 8-1　程序的基本架构

2. 创建管理程序模块

模块是 RAPID 程序的重要组成部分，包括系统模块和程序模块，系统模块用于控制系统，程序模块主要用来实现机器人的某项具体功能。为便于管理与调用，通常根据应用的复杂性来确定模块的多少，如可以将程序数据、逻辑控制、位置信息等分配到不同的程序模块中。

打开文件 XM8_0.rspag，通过实践来学习创建 2 个模块"Mainmodule"和"Guijimodule"，并对其进行管理。

1）模块的创建

（1）打开机器人示教器，单击"程序编辑器"按钮，进入程序编辑器，如图 8-2 所示。

图 8-2 程序编辑器选项

（2）单击"取消"按钮，进入模块列表界面，如图 8-3 所示。

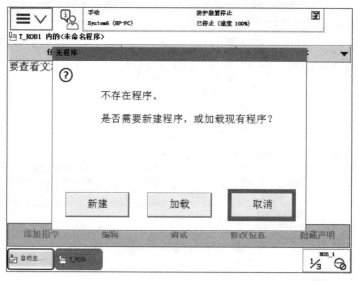

图 8-3 加载模块列表

（3）BASE 和 user 为系统模块，打开"文件"菜单，选择"新建模块"选项，创建程序模块，如图 8-4 所示。

（4）在弹出的图 8-5 对话框中，单击"是"按钮。

（5）在图 8-6 中，通过按钮"ABC..."可修改模块的名称，然后单击"确定"按钮，完成新程序模块的创建。

（6）新建两个模块"Mainmodule"和"Guijimodule"，分别用于存放主程序和机器轨迹程序，如图 8-7 所示。

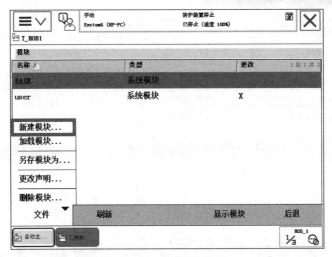

图 8-4　新建程序模块

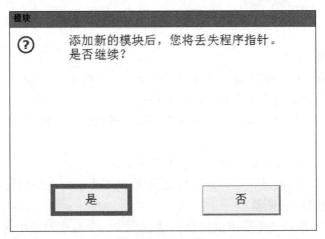

图 8-5　确认窗口

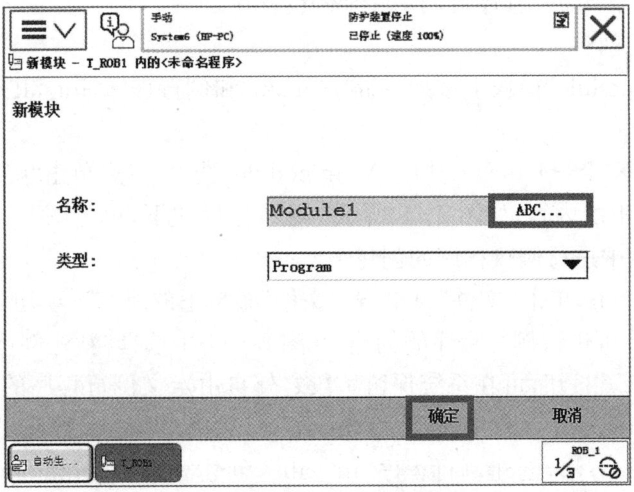

图 8-6　新建程序模块命名

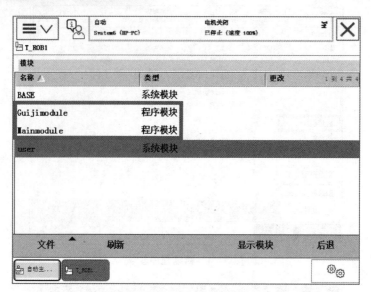

图 8-7　新建两个模块"Mainmodule"和"Guijimodule"

2) 模块的管理

通过"文件"菜单,可对程序模块进行管理操作。

(1) 加载模块:加载已有的需要使用的模块。

(2) 另存为模块:用户可将具有某一功能的程序模块保存到机器人硬盘,以备后续加载调用。

(3) 更改声明:可在此修改模块的名称和类型。

(4) 删除模块:将模块从机器人运行内存删除,但不影响已在硬盘保存的模块。

3. 例行程序的创建及管理

例行程序是程序模块的重要组成部分,一般而言,一个程序模块中包含多个例行程序,每个例行程序用来完成程序模块中的一项功能,方便调用与管理。除主程序 main 外,例行程序之间可相互调用,main 程序可调用其余例行程序。

1) 例行程序的创建

下面在"Mainmodule"模块下添加主程序"main"和例行程序"int_all"我们来介绍创建例行程序的一般步骤。

(1) 打开文件 XM8-1.rspag,选中"Mainmodule"选项,然后单击"显示模块"按钮,可查看和编辑程序模块中的内容,如图 8-8 所示。在程序模块下,单击图 8-9 中"例行程序"按钮,在弹出图 8-10 中进行例行程序的创建。

(2) 在图 8-10 中,单击"文件"菜单,若"文件"菜单下的所有选项均为灰色,需将"自动"模式调为"手动",才可进行例行程序的创建,在图 8-11 中选择"新建例行程序"选项。

(3) 通过"ABC…"按钮,可在系统保留字段之外自由定义例行程序的名称。在程序模块"Mainmodule"下,新建一个主程序,名称为"main",然后单击"确定"按钮,如图 8-12 所示。

(4) 采用同样的方法,创建例行程序"int_all",创建完成后,"Mainmodule"模块下例行程序,如图 8-13 所示。

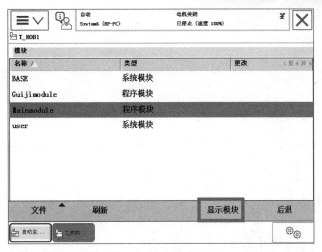

图 8-8 查看模块内容

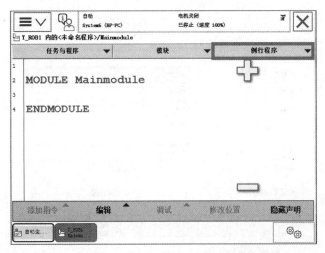

图 8-9 例行程序创建界面

图 8-10 自动模式下新建例行程序

图 8‑11 手动模式下新建例行程序

图 8‑12 主程序 main 声明

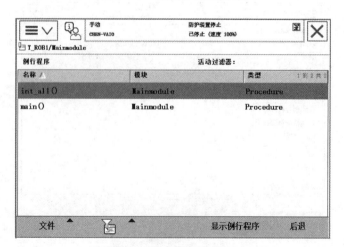

图 8‑13 例行程序界面

请读者自行完成在 Guijimodule 模块下创建例行程序 guiji。

2）例行程序的管理

"文件"菜单可对例行程序进行管理操作：

（1）复制例行程序：复制一份相同的例行程序至同一模块或其余模块。

（2）移动例行程序：将例行程序从一个模块移至另一个模块。

（3）更改声明：可修改例行程序所属的模块和类型。

（4）重命名：可修改例行程序的名称。

（5）删除例行程序：可将不需要的例行程序删除。

4. 常用的 RAPID 指令

RAPID 语言提供了丰富多样的程序指令来实现 ABB 机器人的应用功能，灵活使用指令，可以使编程达到事半功倍的效果。

首先我们来看如何在例行程序中添加程序指令：在例行程序中，选择要插入指令的位置，呈显为蓝色，然后单击"添加指令"按钮，打开指令列表，按需选择相应的指令插入即可，如图 8-14 所示。

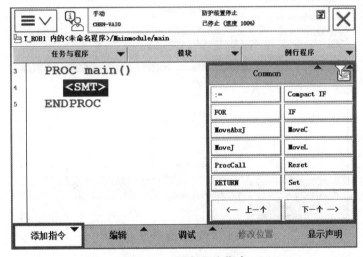

图 8-14 添加程序指令

如果所需的指令不在当前列表中，可通过"上一个"或者"下一个"翻页查找。

1）运动指令

ABB 机器人在空间中运动主要有关节运动（Move J）、线性运动（Move L）、圆弧运动（Move C）和绝对位置运动（Move AbsJ）4 种方式。

（1）绝对位置运动指令 Move AbsJ。绝对位置运动指令是通过角度值来定义目标位置数据，将机器人的各关节轴运动至给定位置，通常用于机器人返回机械原点。

打开文件 XM8_2.rspag，在例行程序 int_all 中添加指令"MoveAbsJ"将机器人返回机械原点。

① 新建 jointtarget 类型的数据 jpos10，如图 8-15 所示。

② 单击"编辑"按钮，选择"更改值"选项，可修改"jpos10"的数值，如图 8-16 所示。

③ 将"jpos10"的数值设为机器人的机械原点，为：[0,0,0,0,0,0]，[9E+09，9E+09，9E+09，9E+09，9E+09，9E+09]，如图 8-17 所示。

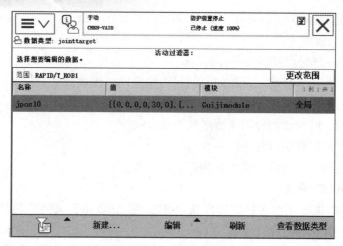

图 8-15 新建 jpos10

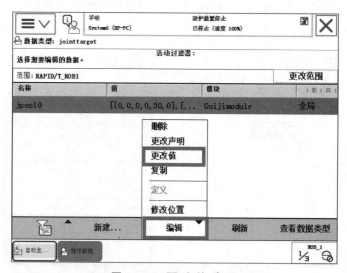

图 8-16 更改值选项

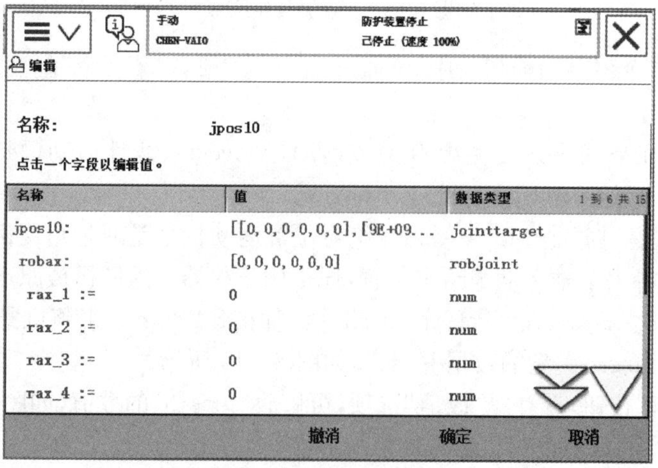

图 8-17 更改"jpos10"的数值

④ 在例行程序 int_all 中添加指令"MoveAbsJ"，如图 8-18 所示。

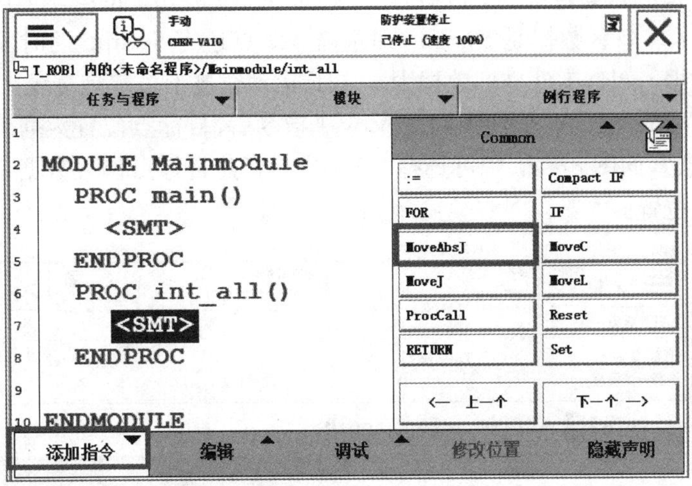

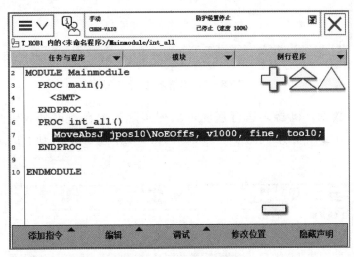

图 8-18　添加指令"MoveAbsJ"

⑤ 参数设置完成，执行该指令，机器人将回到机械原点，如图 8-19 所示。

图 8-19　返回机械原点

（2）关节运动指令 MoveJ。MoveJ 指令用于将机器人 TCP 快速移动至给定目标点（见图 8-20），运行轨迹由机器人自身算法决定，不一定是直线，只关注起点和终点。该指令适合机器人大范围运动，运动过程中不易出现机械死点状态。

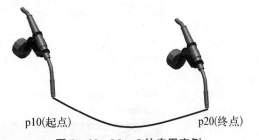

p10（起点）　　　　　p20（终点）

图 8-20　MoveJ 的应用实例

MoveJ 指令基本格式为：Move J p10，v1000，z50，tool0\ WObj：＝wobj0。指令包含目标点、速度、转弯区数据、工具\工件坐标，其中工件坐标是可选变量。

如图 8-20 所示,机器人 TCP 在当前位置 p10 处,执行指令 Move J p20,v1000,z50,tool1\ WObj:=wobj1,其含义为:机器人 TCP 从当前位置 p10 将运动至目标点 p20 处,速度是 1 000 mm/s,转弯区数据是 50 mm,即距离 p20 点还有 50 mm 的时候开始转弯,使用的是工具坐标数据 tool1,工件坐标数据为 wobj1,运动轨迹不一定是直线。

① 目标点位置数据。在软件中插入 MoveJ 指令后,目标点位置数据可"新建"目标点,也可"选择已有点",如图 8-21 中可选择"p10"或者新建目标点位置数据,新建的目标点位置数据需要示教位置。

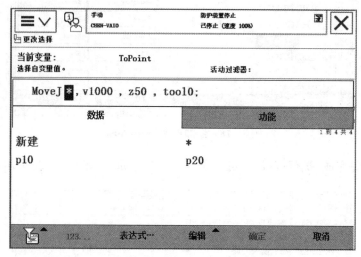

图 8-21 "新建"目标点

② 运动速度数据。机器人运行速度可依据实际工况在速度列表中自由选择(见图 8-22),单位为 mm/s,一般最高为 5 000 mm/s,在手动限速状态下,所有的运动速度被限制在 250 mm/s。

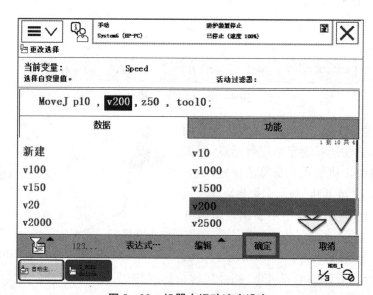

图 8-22 机器人运动速度设定

③ 转弯区数据。转弯区数据用于定义机器人运动时转弯半径的大小,单位 mm,数据在列表中选择,如图 8-23 所示。

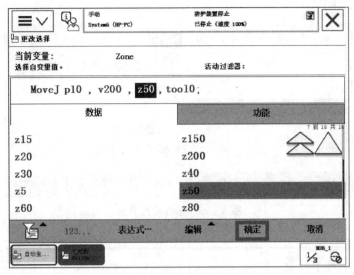

图 8-23 机器人转弯区数据设定

④ 工具\工件坐标数据。工具坐标数据用于定义当前指令使用的工具,可在添加程序指令前在"手动操作"菜单中进行预先设置,也可以在坐标编辑器中进行选择,如图 8-24 所示。

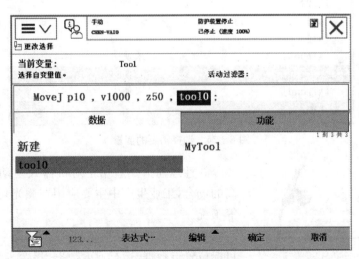

图 8-24 选择工具坐标

工件坐标数据用于定义当前指令使用的工件坐标,可通过下方的"编辑"菜单中"可选变元"选项进行添加,如图 8-25 所示。然后在可选参变量表中选中工件坐标选项,并点击"使用"按钮,如图 8-26 所示。

(3) 线性运动指令 MoveL。线性运动是将机器人 TCP 沿直线运动至给定目标点,如图 8-27 所示。

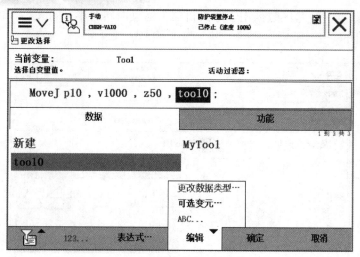

图 8-25 选择可选变元

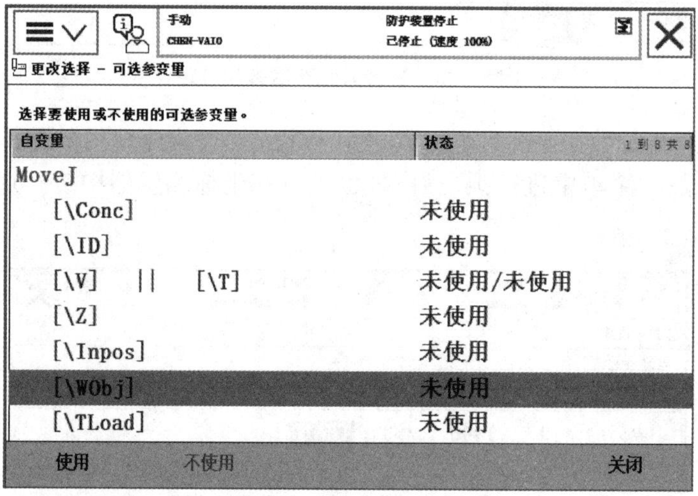

图 8-26 选择需要的变量

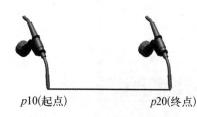

$p10$(起点)　　　　$p20$(终点)

图 8-27 Move L 的应用实例

线性运动指令适用于对机器人运动路径精度要求高的场合,工业生产中主要应用在激光切割、涂胶、弧焊等工况。

与关节运动指令类似,线性运动指令同样需要设置目标位置点数据、运行速度数据、拐弯半径数据和工具\工件坐标数据变量,例如指令:Move L $p20$,v1000,fine,tool1\ WObj:=wobj1;表示机器人 TCP 从当前位置 $p10$ 处以速度 1 000 mm/s 直线运动至 $p20$ 处,使用的是工具坐标数据 tool1,工件坐标数据为 wobj1,到达 $p20$ 时速度减为零。

注意区分转弯区数据 Z 值和 fine:Z 值表示转弯半径大小,单位为 mm。转弯区半径越大,机器人的动作路径就越圆滑与流畅。fine 指机器人 TCP 达到目标点,在目标点速度降为零,机器人动作有所停顿后再向下运动。所以,如果是一段路径的最后一个点,则必须将其转弯区数据设置为 fine。

图 8-28 中,从当前点运动到 $p10$ 点的程序指令为 Move L $p10$,v100,Z50,tool1/Wobj1;机器人在接近 $p10$ 点时形成半径 50 mm 转弯曲线,而从当前点运动至 $p20$ 点的程序指令为 Move L $p20$,v100,fine,tool1/Wobj1;机器人精确到达 $p20$ 点,且到达 $p20$ 点时的速度为零。

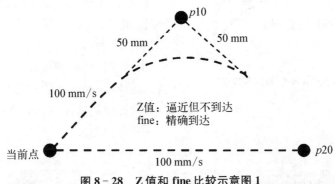

图 8-28　Z 值和 fine 比较示意图 1

如图 8-29 所示的运行轨迹,机器人以 200 mm/s 的速度线性运动至 $p1$ 点,在接近 $p1$ 点时形成半径 10 mm 的转弯曲线,然后以 100 mm/s 的速度线性运动至 $p2$ 点,精确到达 $p2$ 点时的速度为零,稍作停顿后以 500 mm/s 的速度关节运动至 $p3$ 点停止,此例行程序如下:

Move L　p1,v200,z10,tool1\Wobj:=wobj1;

Move L　p2,v100,fine,tool1\Wobj:=wobj1;

Move J　p3,v500,fine,tool1\Wobj:=wobj1;

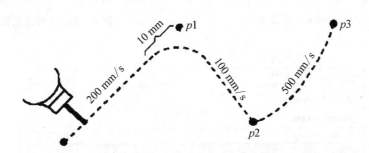

图 8-29　z 值和 fine 比较示意图 2

(4) 圆弧运动指令 Move C。圆弧运动是通过定义 3 点将机器人 TCP 沿圆弧运动至给定目标点,其中第 1 点为圆弧的起始点;第 2 点为圆弧上的过渡点,用于确定圆弧的曲率;第三点为圆弧的终点。

例如:Move L p10,v1000,z50,tool1\WObj:=wobj1;

Move C p20,p30,v1000,z50,tool1\WObj:=wobj1;

这两条指令的含义是:机器人 TCP 直线运动至 $p10$ 点,并将其作为圆弧的起点,然后通过 $p20$ 这一圆弧上的点,最终运行到作为圆弧的终点 $p30$,如图 8-30 所示。

圆弧运动指令 Move C 在做圆弧运动时一般不超过 240°,所以一个完整的圆至少需要使用两条圆弧指令来完成。

继续在打开的 XM8_2. rspag 基础上,在"Guijimodule"模块的"guiji"例行程序中使用 Move J、Move L 和 Move C 指令完成机器人走轨迹任务。工作原点 phome,位于工件上方,参考位置如图 8 - 31 所示,工件上的目标点,位置如图 8 - 32 所示。

① 首先,将机器人工具调整为"Mytool";然后,新建 robtarget 数据类型的数据并完成示教,示教完成后如图 8 - 33 所示。

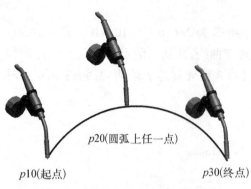

图 8 - 30　机器人 Move C 的应用实例

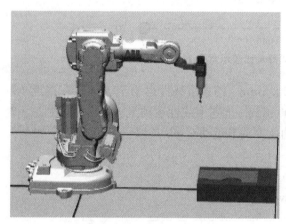

图 8 - 31　phome 工作原点

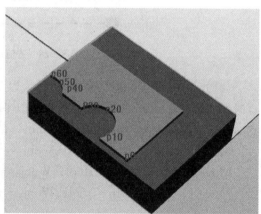

图 8 - 32　工件上目标点

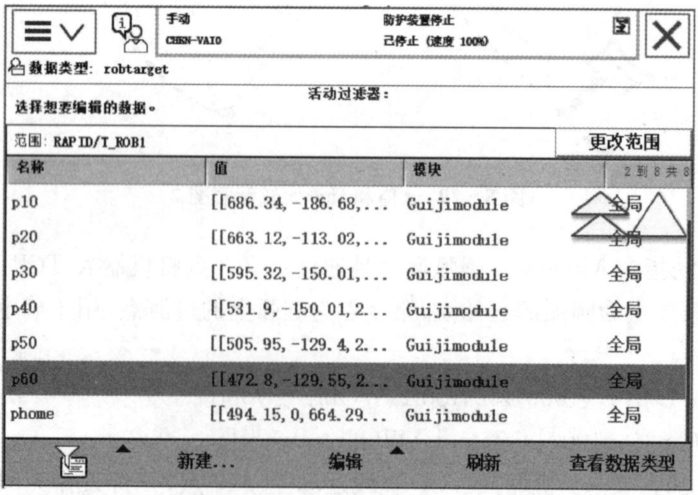

图 8 - 33　目 标 点 数 据

② 在 guiji 例行程序中添加指令,完成后如图 8-34 所示。

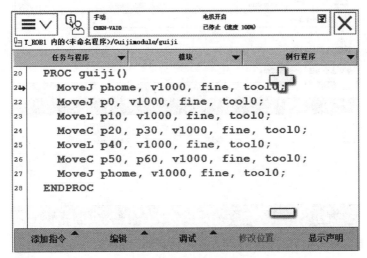

图 8-34 guiji 例行程序

③ 编写完成后进行程序调试,在 guiji 例行程序窗口,单击"调试"按钮,然后单击图 8-35 中的"PP 移至例行程序"按钮,然后在弹出的图 8-36 窗口中选中"guiji"选项例行程序。

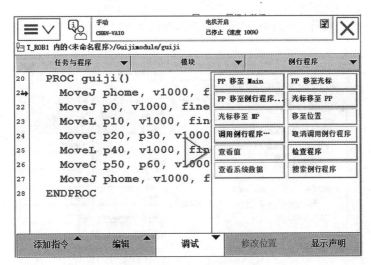

图 8-35 PP 移至例行程序

④ 机器人切换至手动,并且按下电机上电开关,按下示教器功能按钮中的程序运行按钮 或者选择程序单步向前运行按钮 运行程序,结束时按下停止按钮 。

2) 常用指令

(1) Offs:偏移功能:以选定的目标点为基准,沿着选定工件坐标系的 X、Y、Z 轴方向偏移一定的距离。

例如:Move L Offs(p10,0,0,10),v1000,z50,tool1\WObj:=wobj1;将机器人 TCP 移动至以 $p10$ 为基准点,沿着 wobj1 的 Z 轴正方向偏移 10 mm 的位置。

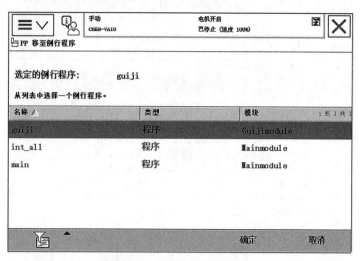

图 8 - 36 选中"guiji"例行程序

（2）ProcCall：例行程序调用指令。通过此程序指令，可在例行程序中调用除主程序外的任一例行程序作为子程序。

继续前面 XM8_2 的操作，在主程序 main 中调用初始化例行程序"int_all"和轨迹程序"guiji"：

① 打开 main 主程序，添加指令"ProcCall"，如图 8 - 37 所示。

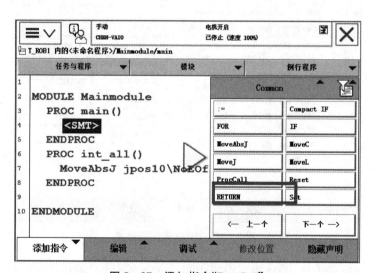

图 8 - 37 添加指令"ProcCall"

② 选择例行程序"int_all"后单击"确定"按钮，如图 8 - 38 所示。

③ 完成后，同样操作在下方插入 guiji 例行程序，最后 main 主程序如图 8 - 39 所示。

④ 选择"PP 移至 main"选项，调试运行，效果参考 XM8_2_OK.exe，调试完成后文件打包为 XM8_3.rapag。

（3）WaitTime 时间等待指令，用于程序在等待指定时间以后，继续执行下一条指令。

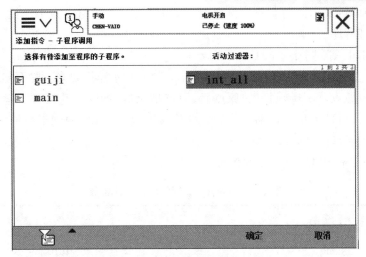

图 8 - 38 选择 int_all 例行程序

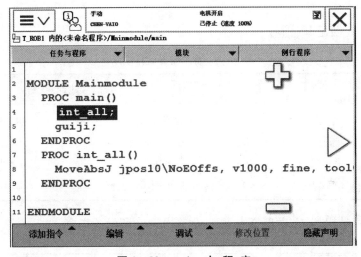

图 8 - 39 main 主程序

3) 赋值指令

":="赋值指令用于对程序数据进行赋值。赋值可以是一个常量或数学表达式。

常量赋值：reg1：=5；

数学表达式赋值：reg2：=reg1+4。

4) I/O 控制指令

(1) Set：将数字输出信号置为1。

例如：Set do1；将数字输出信号 do1 置为1。Set do1；等同于：SetDO do1,1；。

(2) Reset：将数字输出信号置为0。

例如：Reset do1；将数字输出信号 do1 置为0。Reset do1；等同于：SetDO do1,0；。

(3) WaitDI：等待一个输入信号状态为设定值。

例如：WaitDI di1,1；等待数字输入信号 di1 为1之后才执行下面的指令。如果达到最大等待时间300秒(此时间可根据实际进行设定)以后,di1 的值不为1 的话,则机器人报警或进入出错处理程序。

WaitDI di1,1;等同于:WaitUntil di1=1;

打开 XM8_3.rapag 文件,利用 I/O 控制指令完成下面操作要求:按下初始化按钮 di0,机器人回到机械原点 jpos10,回机械原点后,原点指示灯 do0 亮,此时按下运行按钮 di1,原点指示灯 do0 灭,机器人从运行到工作原点并完成轨迹,完成后回到工作原点,工作原点指示灯 do1 亮,1 s 后程序结束。

① 按表 8-2 创建 DSQC652 通信板。

表 8-2　DSQC652 板的总线连接参数

参 数 名 称	设 定 值
Name	board10
Device Type	652
Address	10

② 按表 8-3 创建 IO 信号。

表 8-3　输入输出信号规划

序　号	元器件	信号名	信号类型	信号地址	信号功能
1	按钮	di0	数字输入	0	初始化按钮
2	按钮	di1	数字输入	1	运行按钮
3	指示灯	do0	数字输出	0	机械原点指示灯
4	指示灯	do1	数字输出	1	工作原点指示灯

③ 打开程序编辑器,在主程序中添加,如图 8-40 所示的指令。

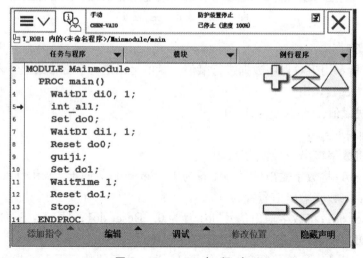

图 8-40　main 主 程 序

④ 调试运行主程序,从仿真菜单打开"I/O仿真器"窗口,设置"设备"及"I/O范围",如图 8‑41 所示,然后在仿真菜单下点击 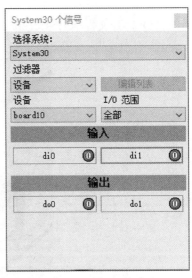 按钮,开始仿真。仿真时需对"I/O仿真器"窗口中的 di0 和 di1 信号根据程序手动进行输入,di0 和 di1 信号均为按钮信号,在操作时将其按下后需手动再按一次复位,操作过程参考素材中 XM_3_OK.wmv 视频文件。

图 8‑41　I/O信号仿真窗口

5) 条件逻辑判断指令

(1) IF:满足不同条件,执行对应程序。

例如:IF reg1>5 THEN

　　　Set do1;

　　　ENDIF

如果 reg1>5 条件满足,则执行 Set do1 指令。

(2) FOR:根据指定的次数,重复执行对应程序。

例如:FOR i FROM 1 TO 10 DO

　　　routine1;

　　　ENDFOR

重复执行 10 次 routine1 里的程序。

FOR 指令后面跟的是循环计数值,其不用在程序数据中定义,每次运行一遍 FOR 循环中的指令后会自动执行加 1 操作。

(3) WHILE:如果条件满足,则重复执行对应程序。

例如:WHILE reg1<reg2 DO

　　　reg1:=reg1+1;

　　　ENDWHILE

如果变量 reg1<reg2 条件一直成立,则重复执行 reg1 自加 1,直至 reg1<reg2 条件不成立为止。

(4) TSET:根据指定变量的判断结果,执行对应程序。

例如:TSET reg1

　　　CASE 1:

　　　routine1;

　　　CASE 2:

　　　Routine2;

　　　DEFAULT:

　　　Stop;

　　　ENDTEST

判断 reg1 数值,若为 1 则执行 routine1;若为 2 则执行 routine2,否则执行 Stop。

项目实践

(1) 打开文件 XMSJ8.rspag,如图 8-42 所示。

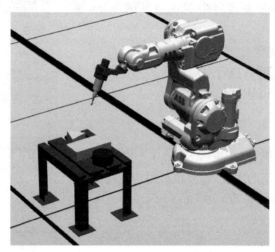

图 8-42 工 作 站

(2) 新建"MainModule"程序模块,创建完成后如图 8-43 所示。

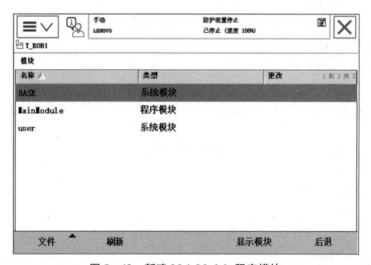

图 8-43 新建 MainModule 程序模块

(3) 在"Mainmodule"模块下添加主程序"main"和"rInit_all""path_1""path_2""path_3"例行程序,如图 8-44 所示。

(4) 新建一 jointtarget 类型的数据 jpos10,如图 8-45 所示。其各关节数据为 0,即机械原点。

(5) 在例行程序 rInit_all 中添加指令"MoveAbsJ"使机器人回机械原点,程序如下:
PROC rInit_all()

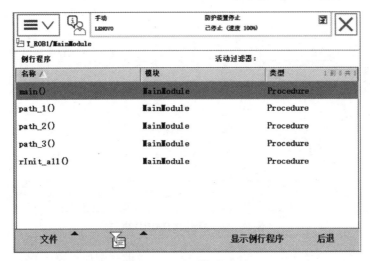

图 8－44　创建例行程序

图 8－45　新建 **jpos10** 数据

　　MoveAbsJ jpos10\NoEOffs，v1000，z50，tool0；

ENDPROC

　　（6）分别在 path_1、path_2、path_3 例行程序中编写圆形、矩形、三角形的轨迹程序。

　　① 编写前将 MyTool 工具同步到 RAPID 中，选择"基本"菜单→"同步"→"同步到 RAPID"，如图 8－46 所示。

　　② 在图 8－47 的"同步到 RAPID"窗口中，将 myTool 同步到 MainModule 模块，单击"确定"按钮后实现同步。

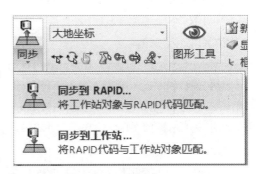

图 8－46　同步到 **RAPAD**

图 8‐47 同步到 RAPID 窗口

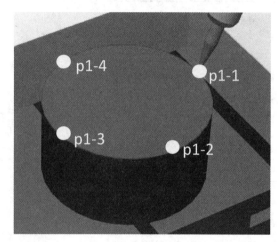

图 8‐48 圆形示教目标点

③ 编写圆形轨迹程序,其中圆形示教目标点如图 8‐48 所示,参考程序如下。

PROC path_1()

    MoveL p1_1, v1000, z50, MyTool;

    MoveC p1_2, p1_3, v1000, z10, MyTool;

    MoveC p1_4, p1_1, v1000, z10, MyTool;

ENDPROC

④ 同样方法编写矩形、三角形的轨迹程序。

PROC path_2()

    MoveL p2_1, v1000, fine, MyTool;

    MoveL p2_2, v1000, fine, MyTool;

    MoveL p2_3, v1000, fine, MyTool;

    MoveL p2_4, v1000, fine, MyTool;

    MoveL p2_1, v1000, fine, MyTool;

ENDPROC

PROC path_3()

    MoveL p3_1, v1000, fine, MyTool;

    MoveL p3_2, v1000, fine, MyTool;

    MoveL p3_3, v1000, fine, MyTool;

    MoveL p3_1, v1000, fine, MyTool;

ENDPROC

(7) 利用 I/O 控制指令完成下面操作要求:按下初始化按钮 di 0,机器人回到机械原点 jpos10,回机械原点后,根据 di 1、di 2、di 3 的信号,机器人选择其中一条路径,完成后继续等待信号。

① 按表 8-4 创建 DSQC652 通信板。

表 8-4　DSQC652 板的总线连接参数

参 数 名 称	设 定 值
Name	board10
Device Type	652
Address	10

② 按表 8-5 创建 IO 信号。

表 8-5　输入输出信号规划

序　号	元器件	信号名	信号类型	信号地址	信号功能
1	按钮	di0	数字输入	0	初始化按钮
2	按钮	di1	数字输入	1	圆形选择按钮
3	按钮	di2	数字输入	2	矩形选择按钮
4	按钮	Di3	数字输入	3	矩形选择按钮

③ 打开程序编辑器,编辑主程序。主程序中使用了 While、IF 控制程序的流程,在程序中增加了工作原点 phome 和进入每个轨迹的第一个点的接近点：Offs(p1_1,0,0,50)、Offs(p2_1,0,0,50)和 Offs(p1_1,0,0,50)。

```
PROC main()
  WaitDI di0, 1;
  rInit_all;
  WHILE TRUE DO
    IF di1 = 1 THEN
      MoveJ Offs(p1_1,0,0,50), v1000, z50, MyTool;
      path_1;
      MoveJ phome, v1000, fine, MyTool;
    ENDIF
    IF di2 = 1 THEN
      MoveJ Offs(p2_1,0,0,50), v1000, fine, MyTool;
      path_2;
      MoveJ phome, v1000, fine, MyTool;
    ENDIF
    IF di3 = 1 THEN
      MoveJ Offs(p3_1,0,0,50), v1000, fine, MyTool;
      path_3;
      MoveJ phome, v1000, fine, MyTool;
```

ENDIF

WaitTime 0.2；

ENDWHILE

（8）完成后可利用信号仿真运行程序，完整程序参考"XMSJ8_OK.rspag"文件。

 习 题

● 单选题

（1）定义程序模块、例行程序、程序数据名称时不能使用系统占用符，下列（　　）可以作为自定义程序模块的名称。

　　A. ABB　　　　　　　　　B. TEST　　　　　　　　　C. BASE

（2）程序编辑器中对 RAPID 指令进行了分类，下列（　　）指令是专门用于控制机器人运动的。

　　A. Common　　　　　　　B. Motion&Proc　　　　　　C. I/O

（3）机器人快速运动至各个关节轴零度位置，常用（　　）指令。

　　A. Move AbsJ　　　　　　B. Move L　　　　　　　　C. Move J

（4）关于 Move J 的描述（　　）是不正确的。

　　A. 在轨迹类应用中较为常用

　　B. 两点之间运动轨迹不一定为直线

　　C. 空间位置间的大范围转移常用 Move J

（5）通常所说的"两点一条直线"指的是（　　）运动指令。

　　A. Move C　　　　　　　B. Move J　　　　　　　　C. Move L

（6）在切割矩形框中需要使用（　　）运动指令。

　　A. Move L　　　　　　　B. Move J　　　　　　　　C. Move C

（7）机器人执行一个圆形轨迹，至少需要执行（　　）Move C 指令。

　　A. 1　　　　　　　　　　B. 2　　　　　　　　　　C. 3

（8）下列（　　）转角半径数据会使得运动更为流畅。

　　A. fine　　　　　　　　　B. z10　　　　　　　　　C. z50

（9）对于速度数据 v800 描述错误的是（　　）。

　　A. 800 的单位是 mm/s

　　B. 800 描述的是 TCP 的线性移动速度

　　C. 使用 v800 移动 1 000 mm 需要耗时 1 秒钟

（10）机器人置位输出信号，常用（　　）指令。

　　A. Set　　　　　　　　　B. SetOn　　　　　　　　C. On

（11）对 nCount 执行计数加 1 的操作，下列写法正确是（　　）。

　　A. nCount：=1　　　　　B. nCount：=nCount+1　　C. Decr nCount

（12）Waitdi di1,1;等同于下列（　　）指令。

　　A. Waittime 1　　　　　B. WaitUntil di1,1　　　　C. WaitUntil di1=1

（13）在完全到达 p10 后，置位输出信号 DO1，则运动指令的转角半径应设为（　　）。

A. z0　　　　　　　　　　B. fine　　　　　　　　　C. z10

（14）下列（　　）作为 WHILE 循环中的条件，则一定会构成无限循环。

A. 2：=1+1　　　　　　　B. TRUE　　　　　　　　C. reg1>reg2

（15）IF（di1=1 and di2=1）OR di3=1 Set do1；当下列（　　）情况下 DO1 为 1。

A. di1=1　　　di2=0　　　di3=0

B. di1=0　　　di2=0　　　di3=1

C. di1=0　　　di2=1　　　di3=0

（16）调用例行程序 r1 的正确写法为（　　）。

A. ProcCall r1　　　　　　B. r1　　　　　　　　　　C. Call r1

项目九
功能及中断程序的使用

 **任务目标**

(1) 学会功能的使用和操作方法。
(2) 学会中断程序的使用和操作方法。

 **任务描述**

ABB 机器人 RAPID 编程中的功能（FUNCTION）相似于指令，并且在执行完了后可返回一个数值。在对机器人进行位置控制时，使用位置功能，使用位置功能代替位置坐标，能够快速地获得机器人的目标位置。中断程序常用于出错处理和外部信号的响应这种实时响应要求高的场合。通过本项目学习，掌握功能和中断程序的使用，可以提高程序的执行效率。

 学习与实践

1. 功能的使用介绍

常用的功能有算术功能、位置功能、通信功能、运动设定和控制等功能。表 9－1 和表 9－2 分别列出了常用的算术功能和位置功能。

表 9－1 算 术 功 能

功　能	说　明	功　能	说　明
Abs	取绝对值	Pow	计算指数值
Round	四舍五入	ACos	计算圆弧余弦值
Trunc	舍位操作	ASin	计算圆弧正弦值
Sqrt	计算二次根	Atan	计算圆弧正切值[－90, 90]
Exp	计算指数值 e^x	Atan2	计算圆弧正切值[－180, 180]

（续表）

功 能	说 明	功 能	说 明
Cos	计算余弦值	EulerZYX	从姿态计算欧拉角
Sin	计算正弦值	OrientZYX	从欧拉角计算姿态
Tan	计算正切值		

表9-2 位 置 功 能

功 能	说 明	功 能	说 明
Offs	对机器人位置进行偏移	CWObj	读取工件坐标当前的角度
RelTool	对工具的位置和姿态进行偏移	MirPos	镜像一个位置
CalcRobT	从 jointtarget 计算出 robtarget	CalcJointT	从 robtarget 计算出 jointtarget
CPos	读取机器人当前的 X、Y、Z	Distance	计算两个位置的距离
CRobT	读取机器人当前的 robtarget	PFRestart	检查当前路径因电源关闭而中断的时候
CJointT	读取机器人当前的关节轴角度		
ReadMotor	读取轴电动机当前的角度	CSpeedOverride	读取当前使用的速度倍率
CTool	读取工具坐标当前的角度		

1）算术功能的使用操作方法

以取四舍五入算术功能（Round）为例，说明算术功能的使用操作方法。

功能"reg1：= Round(reg2)"。

打开"添加指令"菜单列表，选择"：="赋值指令，如图9-1所示。

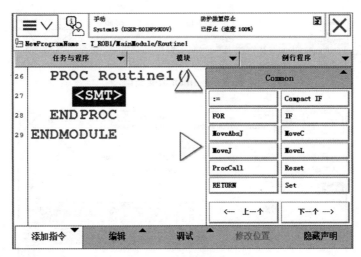

图9-1 赋 值 指 令

单击"更改数据类型…"按钮，如图9-2所示。

选择"num"数据类型，然后单击"确定"按钮，如图9-3所示。

选择"reg1"选项，然后单击"确定"按钮如图9-4所示。

单击图9-5中的"功能"标签，选择"Round()"功能，如图9-6所示。

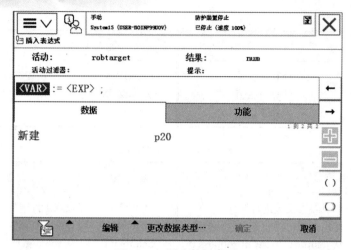

图 9-2　更改数据类型

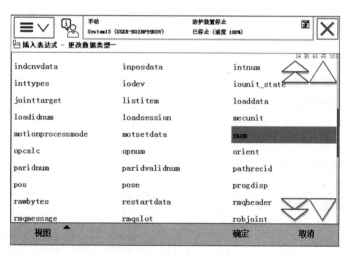

图 9-3　num 数据类型

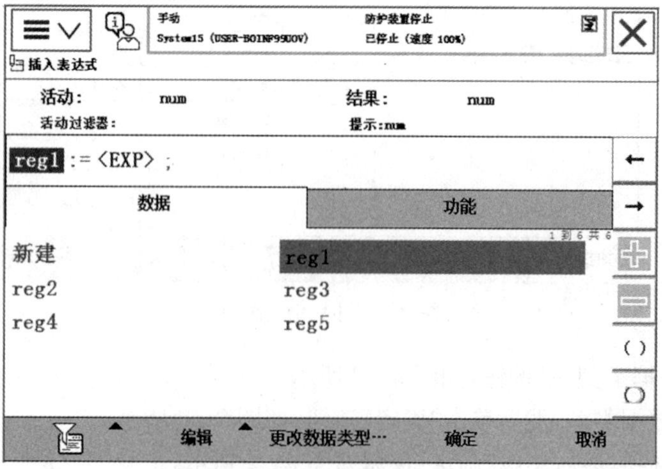

图 9-4　选择 reg1 数据

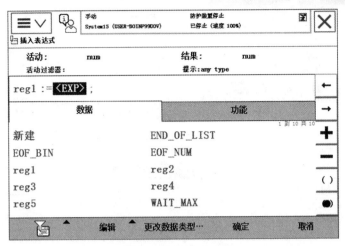

图 9-5 功能标签

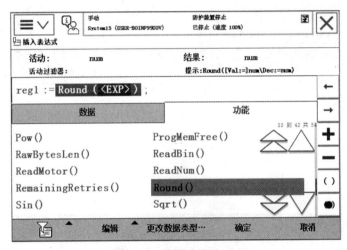

图 9-6 选择功能 Round

如果数据结果为"num",选择"reg2"选项后,单击"确定"按钮,如图 9-7 所示。如果数据结果不是"num",需要单击"更改数据类型…"按钮,选择"num"数据类型,如图 9-3 所示,然后单击"确定"按钮。操作完成四舍五入指令后,如图 9-8 所示。

2)常见的位置功能使用操作方法

(1)功能 Offs。用于在一个机械臂位置的工件坐标系中添加一个偏移量。

例 1:P20 := Offs (p10,100,100,200);

含义:将以位置 p10 为基准,沿着选定的工件坐标系沿 X 方向移动 100 mm,沿 Y 方向移动 100 mm,且沿 Z 方向移动 200 mm 的目标位置赋值给 p20。

打开"添加指令"菜单列表,选择":="赋值指令,如图 9-1 所示。弹出<VAR>=<EXP>赋值语句,查看数据类型及结果中数据类型。

单击"更改数据类型…"按钮,如图 9-9 所示。选择"robtarget"数据类型,然后单击"确定"按钮,如图 9-10 所示。

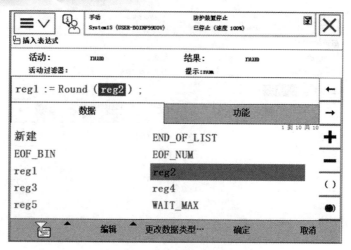

图 9-7 选择结果为 num 数据

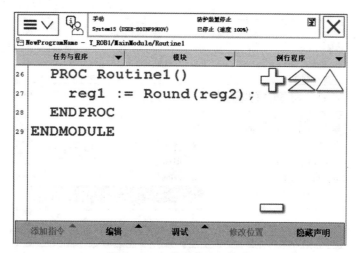

图 9-8 完成四舍五入指令

图 9-9 选择 robtarget 数据类型

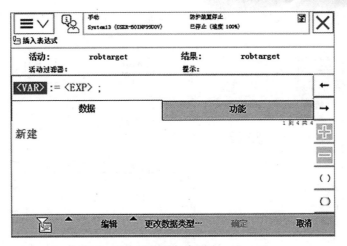

图 9-10　赋值语句类型为 robtarget

单击"新建"按钮,建立"p20",选择"变量"的存储类型,如图 9-11 所示。

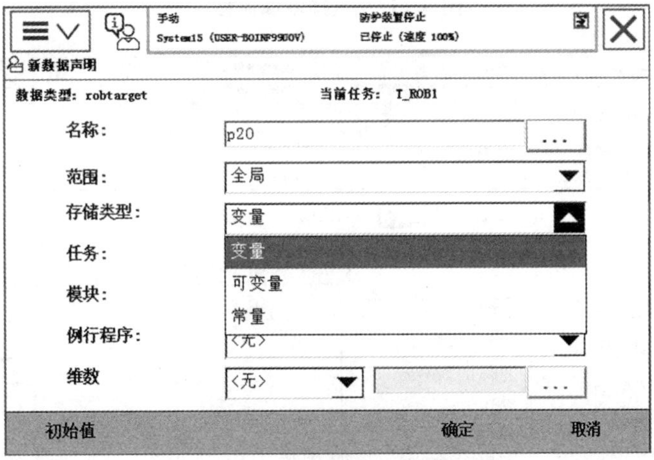

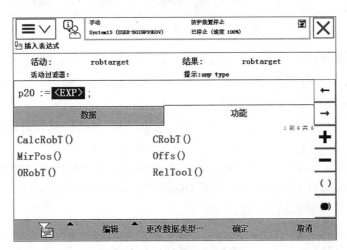

图 9-11　选择变量存储类型

图 9-12　选择 Offs 功能

然后单击"功能"标签,选择功能"Offs()"选项如图 9-12 所示,选择"p10"选项,如图 9-13
所示。

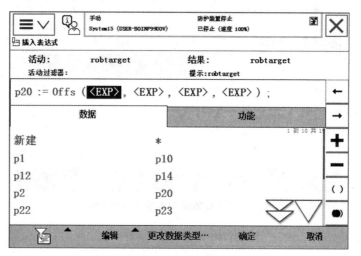

图 9-13 选择基准偏移点

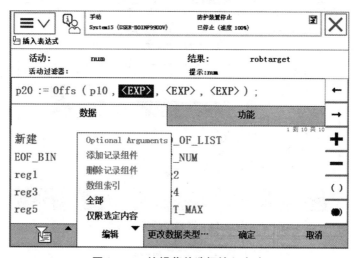

图 9-14 编辑菜单选择输入方法

打开"编辑"菜单,单击"仅限选定内容"按钮,如图 9-14 所示;输入基于 p10 点的 X 方
向偏移 100 mm,Y 方向偏移 100 mm,Z 方向偏移 200 mm,然后单击"确定"按钮,如图
9-15 所示。最后操作完成,如图 9-16 所示。

(2) 功能 RelTool。RelTool(Relative Tool)用于对工具的位置和姿态进行偏移。

例 2:MoveL RelTool (p10, 0, 0, 100), v100, fine, tool1;

工具中心点沿工具坐标 tool1 的 Z 方向,将机械臂移动至距 p1 达 100 mm 的一处位置。

例 3:MoveL RelTool (p10, 0, 0, 0 \Rz:= 25), v100, fine, tool1;

将工具围绕其 Z 轴旋转 25°角。

例 2 的操作方法如下:

选择添加指令"MoveL"选项,单击" * "按钮,选择"功能"标签,如图 9-17 所示。

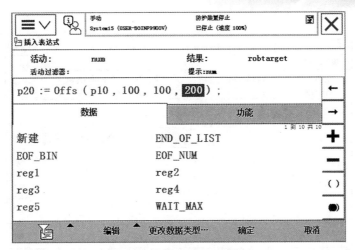

图 9-15　完成输入数值

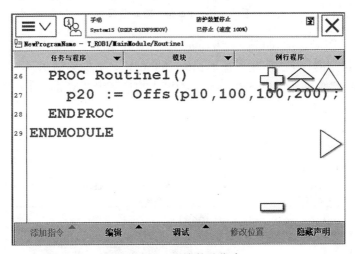

图 9-16　完成偏移指令

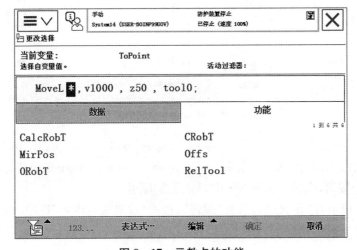

图 9-17　示教点的功能

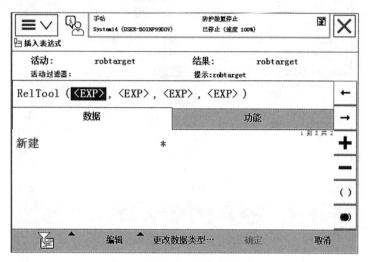

图 9 - 18　RelTool 功能选择

选择功能"RelTool"选项,如图 9 - 18 所示,然后单击"新建"按钮,建立点 p10;打开"编辑"菜单,单击"仅限选定内容"按钮,输入基于 p10 点的 X、Y、Z 方向偏移 0, 0, 100,如图 9 - 19 所示,然后单击"确定"按钮,如图 9 - 20 所示,完成例 2 所示语句 MoveL RelTool (p10, 0, 0, 100), v100, fine, tool 1。

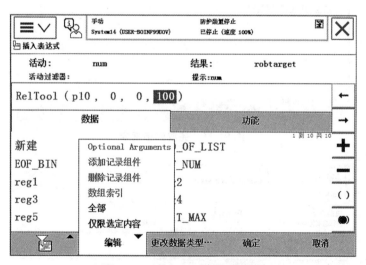

图 9 - 19　输入 p10 点的偏移值

例 3 的操作方法:在图 9 - 20 的操作前提下,选中"RelTool (p1, 0, 0, 100)"选项,单击"表达式"按钮,如图 9 - 21 所示;单击"编辑"按钮,选择"Optional Arguments"选项,如图 9 - 22 所示;单击[\Rz]按钮,选择下面的"使用"单击关闭即可。

如图 9 - 23 所示,打开 Rz 后,选择"编辑",选择"仅限选定内容"选项,输入"25"即可,完成例 3 的位置功能操作,MoveL RelTool (p10, 0, 0, 0 \Rz:= 25), v100, fine, tool1;如图 9 - 24 所示。

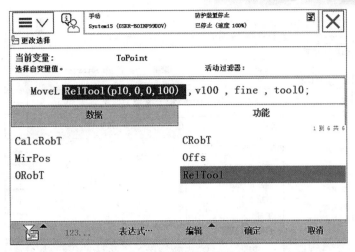

图 9‒20 完成工具位置的偏移

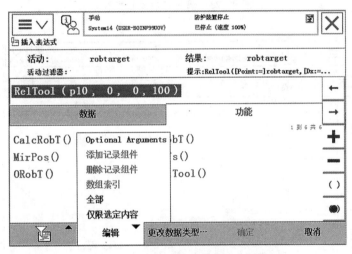

图 9‒21 工具偏移功能指令表达式

图 9‒22 打开 Z 轴旋转

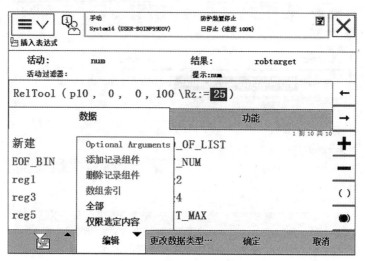

图 9-23　输入 Z 轴旋转角度

图 9-24　完成工具绕 Z 轴的旋转

如果同时指定两次或三次旋转,则将首先围绕 X 轴旋转,随后围绕新的 Y 轴旋转,然后围绕新的 Z 轴旋转。

(3) 功能 CPos。CPos(Current Position)用于读取机械臂的当前位置。

该函数作为位置数据返回机械臂 TCP 的 X、Y 和 Z 值。如果有待读取完整的机械臂位置(robtarget),则转而使用函数 CRobT。

例 4:VAR pos pos1;

MoveL ∗, v 500, fine \Inpos := inpos 50, tool 1;

pos1 := CPos(\Tool:=tool1 \WObj:=wobj0);

将机械臂 TCP 的当前位置储存在变量 pos1 中。工具 tool1 和工件 wobj0 用于计算位置。

注意,在读取和计算位置前,机械臂静止不动。通过使用先前移动指令中位置精度 inpos50 内的停止点 fine,实现上述操作。

MoveL ∗, v500, fine \Inpos := inpos50, tool1;操作方法如下:添加指令"MoveL"(见图 9 - 25),选择 fine;单击"编辑"按钮,选择"可选变元"选项;找到图 9 - 26 所示的[\Inpos],选择"使用"选项,单击"关闭"按钮。

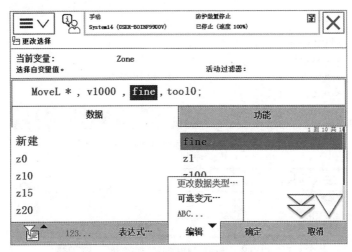

图 9 - 25　选择"可选变元"

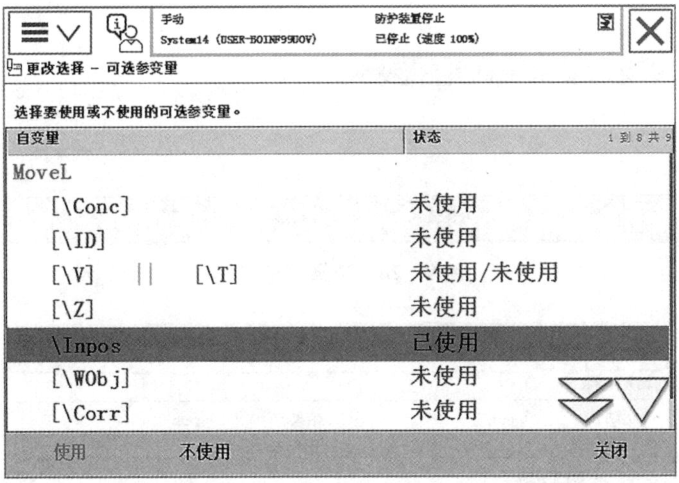

图 9 - 26　打开 Inpos 功能

如图 9 - 27 所示,选择"inpos50";如图 9 - 28,选择 tool 1(没有选择新建 tool 1)。

pos1 := CPos(\Tool:=tool1 \WObj:=wobj0);操作方法如下:打开"添加指令"菜单列表,选择":="赋值指令,更改数据类型为"pos",选择新建 pos1,存储类型为变量,然后单击"功能"标签,如图 9 - 29 所示。

选择功能"CPos()",如图 9 - 30 所示;单击"编辑"按钮,选择"Optional Arguments"项;将自变量"Tool"和"WObj"选择"使用"项,单击"关闭"按钮。将工具坐标选择"tool1"选项,如图 9 - 31;工件坐标选择"wobj0",操作完成,如图 9 - 32 所示。

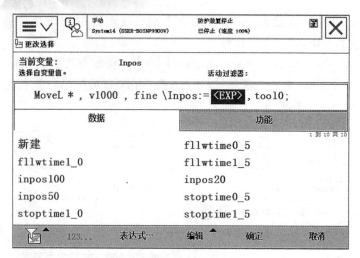

图 9 - 27　选择 inpose50

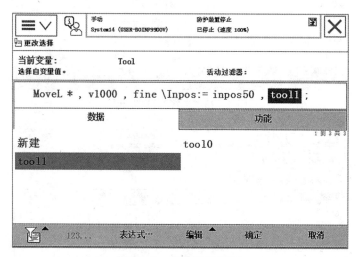

图 9 - 28　选择当前工具

图 9 - 29　选择 pos 功能

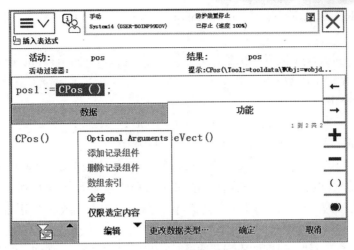

图 9-30　选择 CPos 功能

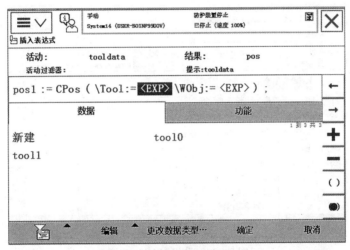

图 9-31　选择工具和工件坐标

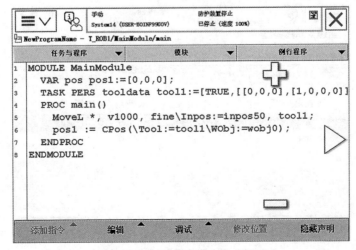

图 9-32　完成功能 CPos 操作

(4) 功能 CRobT。CRobT(Current Robot Target)用于读取机器人(机器臂和外轴)的当前位置。

该函数返回 robtarget 值以及位置(x，y，z)、方位(q1，…，q4)、机械臂轴配置和外轴位置。以下示例介绍了函数 CRobT。

例 5　VAR robtarget p1；

MoveL ∗，v500，fine \Inpos := inpos50，tool1；

p1 := CRobT(\Tool:=tool1 \WObj:=wobj0)；

MoveL ∗，v500，fine \ Inpos := inpos50，tool1；操作参考例 4；p1 := CRobT(\Tool:=tool1 \WObj:=wobj0)；操作方法如下：打开"添加指令"菜单列表，选择":="赋值指令，更改数据类型为"robtarget"，选择新建点"p1"，赋值语句右侧数据类型同时为"robtarget"，然后单击"功能"标签，选择功能"CRobT"如图 9‑33 所示。单击"编辑"按钮，选择"Optional Arguments"项，将自变量"Tool"和"WObj"选择"使用"项，单击"关闭"按钮，如图 9‑34 所示。

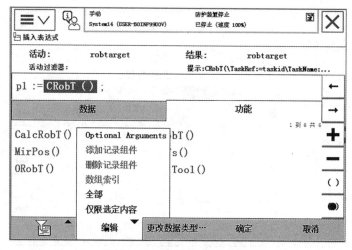

图 9‑33　选择 CRobT 功能

图 9‑34　选择"使用"工具和工件坐标

将工具坐标选择"tool1",工件坐标选择"wobj0",如图 9-35 所示;操作完成如图 9-36 所示。

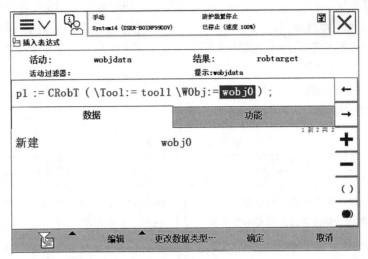

图 9-35 选择当前工具和工件坐标

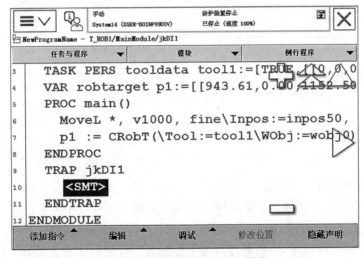

图 9-36 完成功能 CRobT 操作

将机械臂和外轴的当前位置储存在 p1 中。工具 tool1 和工件 wobj0 用于计算位置。

注意,在读取和计算位置前,机械臂静止不动。通过使用先前移动指令中位置精度 inpos50 内的停止点 fine,实现上述操作。

变元 CRobT([\TaskRef]|[\TaskName][\Tool][\WObj])

[\Tool],数据类型为 tooldata,用于计算当前机械臂位置的工具的永久变量。如果省略该参数,则使用当前的有效工具。

[\WObj],数据类型为 wobjdata,函数所返回的当前机械臂位置相关的工件(坐标系)的永久变量。如果省略该参数,则使用当前的有效工件。

警告:编程期间,建议始终指定参数\Tool 和\WObj。随后,函数将始终返回所需位置,即使已启用另一个工具或工件。

2. 中断的使用介绍

在 RAPID 程序执行过程中，如果出现需要紧急处理的情况，机器人会中断当前的执行，程序指针 PP 马上跳转到专门的程序中，对紧急的情况进行相应的处理；处理结束后程序指针 PP 返回到原来被中断的地方，继续往下执行程序。这种专门用来处理紧急情况的专门程序，称作中断程序(TRAP)。

常用的中断指令包含中断设定和中断控制等。表 9-3 和表 9-4 分别列出了常用的中断设定和中断控制指令。

表 9-3 中 断 设 定

指　令	说　明	指　令	说　明
CONNECT	连接一个中断符号到中断程序	ISignalAO	使用一个模拟输出信号触发中断
ISignalDI	使用一个数字输入信号触发中断	ITimer	计时中断
ISignalDO	使用一个数字输出信号触发中断	TriggInt	在一个指定的位置触发中断
ISignalGI	使用一个组输入信号触发中断	Ipers	使用一个可变量触发中断
ISignalDO	使用一个组输出信号触发中断	IError	当一个错误出现时触发中断
ISignalAI	使用一个模拟输入信号触发中断	IDelete	取消中断

表 9-4 中 断 控 制

指　令	说　明	指　令	说　明
ISleep	关闭一个中断	IDisable	关闭所有中断
IWatch	激活一个中断	IEnable	激活所有中断

中断程序经常会用于出错处理、外部信号的响应这种实时响应要求高的场合，在主程序中首先要建立中断号、中断号与中断程序的连接以及触发信号与中断号连接。

打开 XM9_1.rspag 文件，该文件中已经建立了"csh""rHome"例行程序，现要求增加一个主程序"main"和中断程序，中断程序对一个传感器信号进行实时监控，具体功能为：在正常情况下，dil 的信号为 0；如果 dil1 的信号从 0 变为 1，就对 regl 数据进行加 1 的操作。

操作步骤如下：

(1) 添加例行程序。打开 ABB 主界面菜单"程序编辑器"，单击"例行程序"标签，打开"文件"菜单，然后选择"新建例行程序…"选项，建立中断子程序，设定名称为 jkDI1。在"类型"中选择"中断"选项，然后单击"确定"按钮，如图 9-37 所示。然后再建立主程序，完成后，例行程序如图 9-38 所示。

(2) 编辑中断程序。在中断程序中，添加图 9-39 中所示的指令 regl：＝regl＋1。

(3) 建立中断连接。在初始化程序"csh()"中建立中断连接。选中"rHome"程序行，在下一行添加中断指令中的"IDelete"，继续选择中断标识符"intno1"(如果没有，新建一个)，然后单击"确定"按钮，如图 9-40 所示。

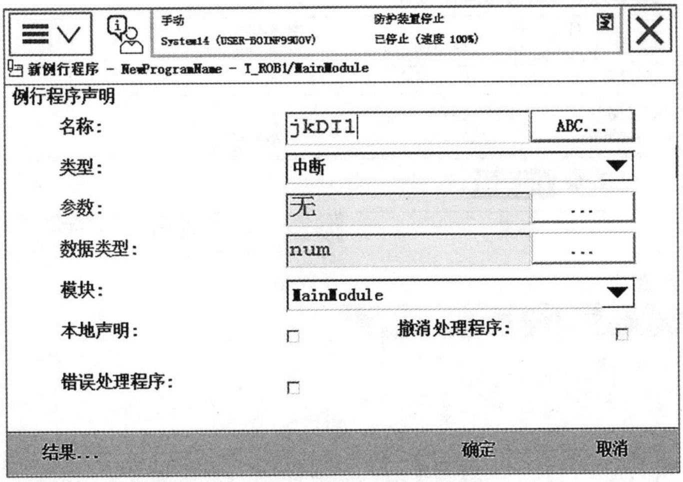

图 9-37 中断程序类型

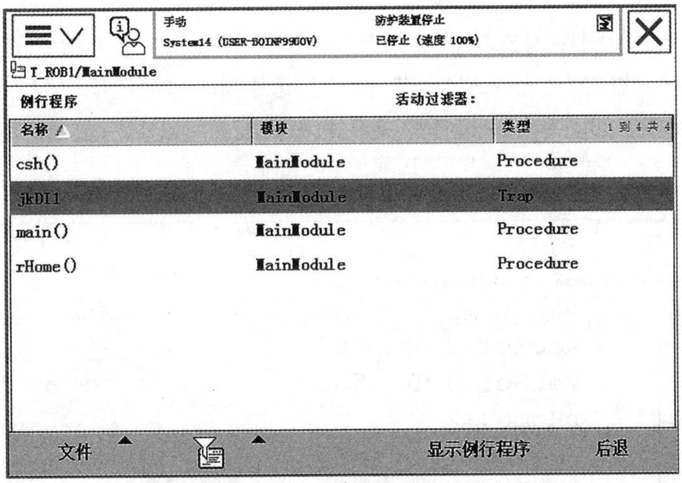

图 9-38 显示所有例行程序

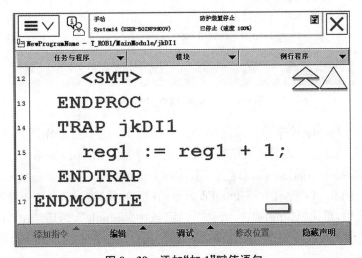

图 9-39 添加"加1"赋值语句

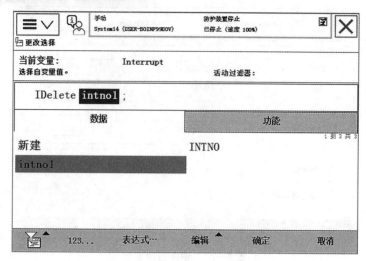

图 9 - 40　添加 IDelete 中断指令

（4）中断号与中断程序的连接。选择"CONNECT"指令，这个指令的作用是连接一个中断号到中断程序，此时双击"〈VAR〉"进行设定，选中"intno1"选项，然后单击"确定"按钮。双击"〈ID〉"进行设定，如图 9 - 41 选择要关联的中断程序"jkDI1"，然后单击"确定"按钮，如图 9 - 42 所示。

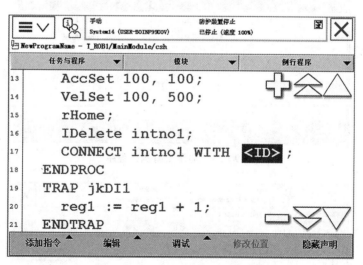

图 9 - 41　添加"CONNECT"指令

（5）触发信号与中断号连接。添加指令"ISignalDI"，这个指令作用是使用一个数字输入信号触发中断。ISignalDI 指令当信号 di1 变为 1 时触发 intno1，如图 9 - 43 所示。

该 ISignalDI 指令中的 Single 参数启用，中断只会响应一次，如要重复响应，可将 Single 参数去掉。双击图 9 - 44 所示中 ISignalDI 指令，在图 9 - 45 单击"可选变量"按钮。

在图 9 - 46 中，单击"\Single"进入设定界面，选中"\Single"，然后单击"不使用"。

（6）设定完成。设定完成后，如图 9 - 47 所示。这个程序只在主程序调用的初始化例行程序中执行一遍，而在程序执行的整个过程中都生效，如图 9 - 48 所示。

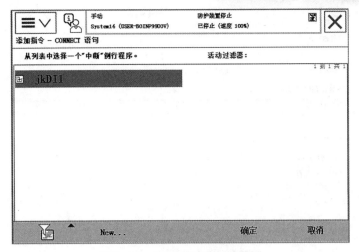

图 9 - 42 ID 进行中断程序关联

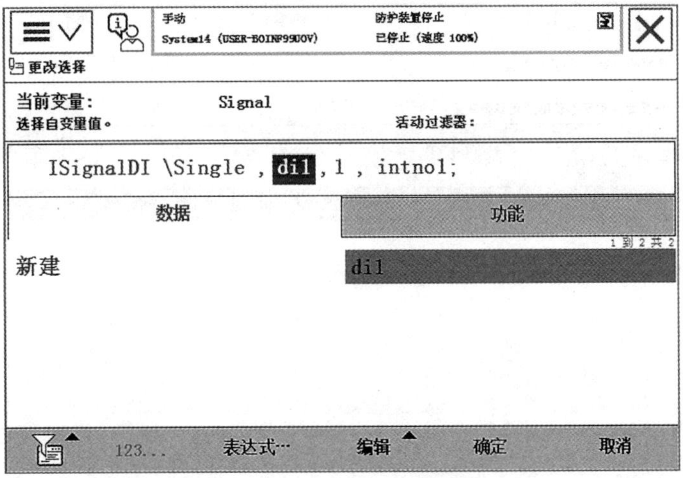

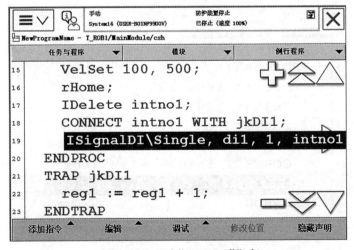

图 9 - 43 信号触发关联

图 9 - 44 双击"ISignalDI"指令

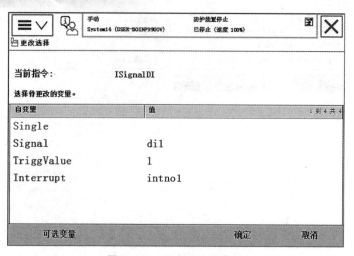

图 9 - 45　设定 Signal 参数

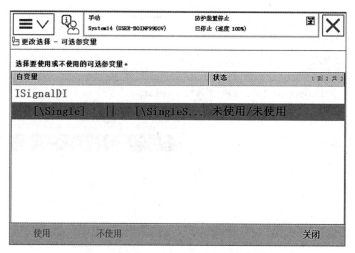

图 9 - 46　"\Single"参数选择不使用

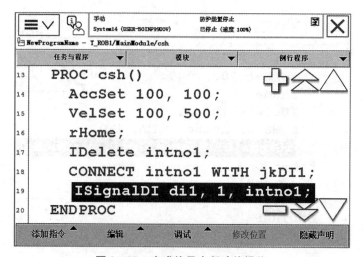

图 9 - 47　完成信号中断功能操作

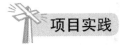

项目实践

打开 XMSJ9.rspag 文件,该文件中已编写了主程序 main 和轨迹 Path_10 实现了机器人走轨迹功能。并且设置了 di_Int 数字输入信号用于中断。现要求增加一个中断程序,当按下中断按钮(di_Int),机器人回工作原点 pHome,5 s 钟后继续原来的操作。

(1) 打开"程序编辑器",新建一个例行类型的程序如图 9-48 所示,将其名称命名为"thome",类型为"中断",如图 9-49 所示。

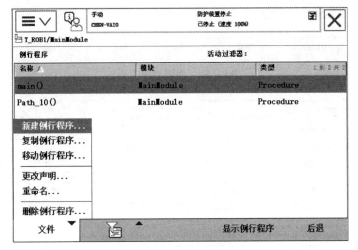

图 9-48 新建例行程序

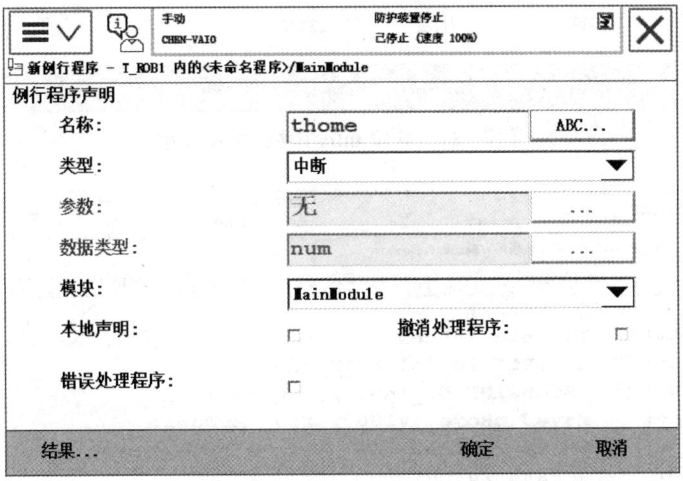

图 9-49 thome 中断程序设置

(2) 编写中断程序内容,如图 9-50 所示。该段程序功能:机器人回原点并在原点等待5秒。

(3) 新建一个 intnum 类型的数据,命名为 intno1,如图 9-51 所示。

(4) 在主程序 main 中增加中断连接。编写完成后,完整主程序如图 9-52 所示,可打开"XM9_10_OK.rspag"参考。

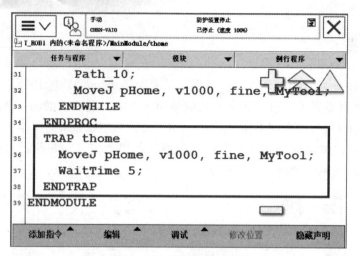

图 9-50 中断程序内容

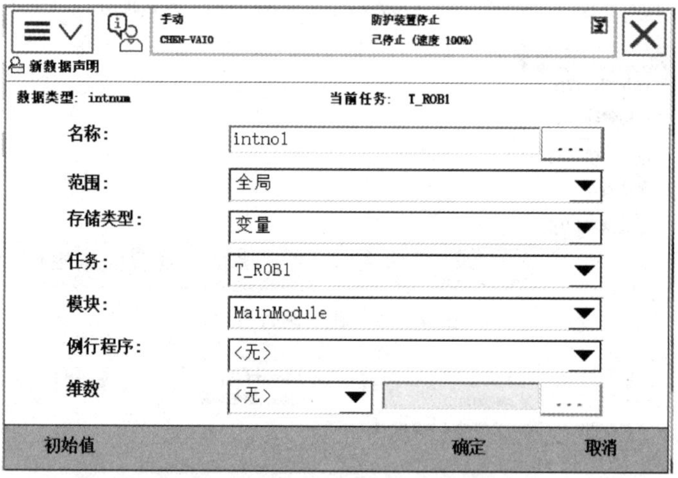

图 9-51 新建 intno1 中断数据类型

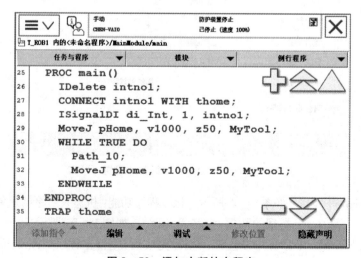

图 9-52 添加中断的主程序

（5）在仿真菜单下，打开"I/O仿真器"，设备项选择"d652"，可以看到"di_Int"信号，如图9‐53所示。

（6）单击仿真菜单下播放按钮 ▶，机器人程序仿真运行，如图9‐54所示。

（7）将di_Int信号置为1，产生中断，优先执行中断，然后再返回主程序继续执行，如图9‐55所示。

（8）完整程序参考"XMSJ9_OK.rspag"文件。

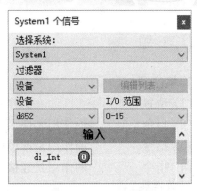

图9‐53　I/O仿真器

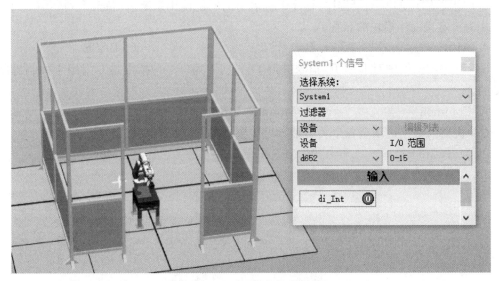

图9‐54　机器人仿真运行

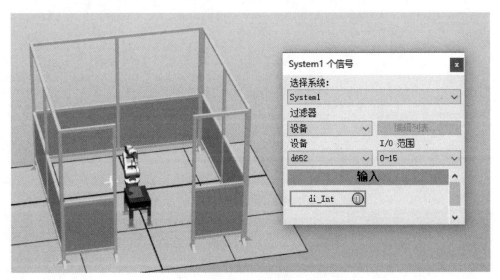

图9‐55　优先执行中断程序

 习 题

1. 填空题

（1）位置功能指令_____的作用是计算两个位置的距离。

（2）指令_____的作用是使用一个数字输出信号触发中断。

（3）指令_____的作用是取消中断。

（4）指令_____的作用是连接一个中断符号到中断程序。

2. 单选题

（1）定义程序模块、例行程序、程序数据名称时不能使用系统占用符，下列（　　）可以作为自定义程序模块的名称。

A. ABB   B. TEST   C. BASE

（2）程序编辑器中对 RAPID 指令进行了分类，下列（　　）指令是专门用于控制机器人运动的。

A. Common   B. Motion&Proc   C. I/O

（3）机器人快速运动至各个关节轴零度位置，常用（　　）指令。

A. MoveAbsJ   B. MoveL   C. MoveJ

项目十
程序编写实例

 **任务目标**

（1）搭建程序结构。
（2）掌握机器人信号控制。
（3）创建一般的程序实例。

 **任务描述**

本项目通过一个具体的案例，详细说明搭建机器人系统、I/O信号设置、搭建程序结构、编写程序指令以及程序调试的全过程。

任务要求

这是一个机器人仿真激光切割工作站，如图10-1所示。项目主要模拟机器人轨迹控制过程，工作要求：机器人空闲时，在合适位置pHome点等待，当外部输入信号di1为1时，机器人逆时针从点$p10$运动至点$p70$进行钢板的激光切割运动，其中点$p10$—点$p20$、点$p30$—点$p40$为圆弧段，点$p20$—点$p30$、点$p40$—点$p50$、点$p50$—点$p60$、点$p60$—点$p70$为直线段。机器人完成激光切割后回到pHome点等待下一个信号。

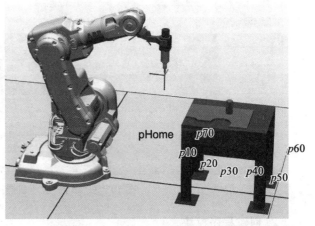

图10-1 机器人激光切割仿真模型图

 操作过程

1. 搭建机器人工作站

选择合适的 ABB 机器人、工具、工件、辅助设备,完成机器人激光切割模拟仿真工位布局,并给新建立的工作站配置控制系统,完成后如图 10-2 所示。

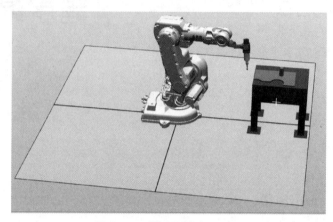

图 10-2　搭建机器人工作站

提示:在布置工位时,注意打开"显示机器人工作区域"选项,并勾选"当前工具",如图 10-3 所示,将工件放置在机器人可达的空间范围内。

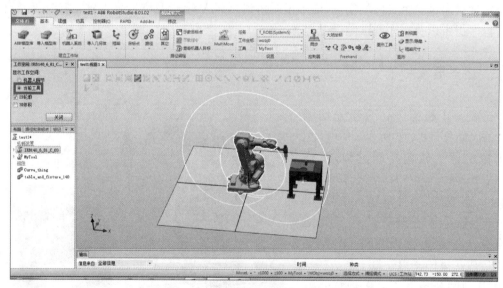

图 10-3　设置"显示机器人工作区域"

2. 创建程序模块

此应用比较简单,只需一个程序模块就足够了。创建程序模块 Module1,如图 10-4 所示。

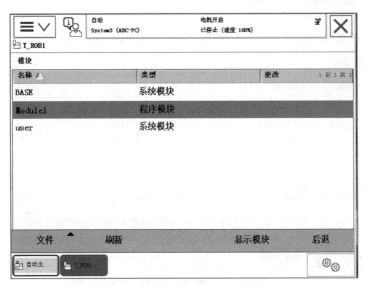

图 10-4 创建程序模块"Module1"

3. 创建例行程序

按照机器人工作要求,我们可以建立 4 个例行程序,分别是主程序 main()、用于机器人回等待位置的 rHome()、用于初始化的 rInitAll()和存放激光切割运动路径的 rMove()。创建 4 个例行程序,如图 10-5 所示。

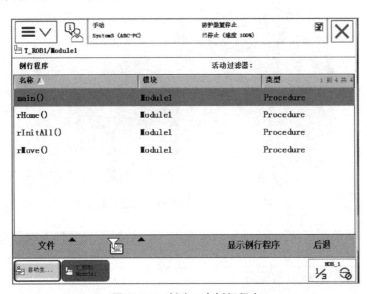

图 10-5 创建 4 个例行程序

4. 六点法建立工具坐标系 Tool1、三点法建立工件坐标系 WobJ1

以激光切割枪头部中心点为 TCP,用六点法创建新的工具坐标系 Tool1。注意将激光切割枪的质量 mass 值改为 5 kg,重心位置数据(基于 tool0 的偏移量)改为 80 mm,如图 10-6 所示。

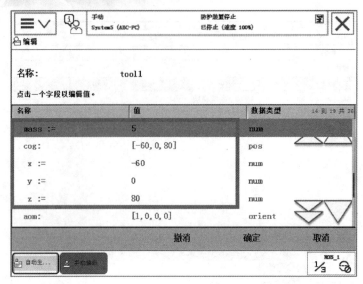

图 10 - 6　修改工具坐标数据

用三点法在辅助桌面上建立工件坐标系 WobJ1,所取三点位置如图 10 - 7 所示。

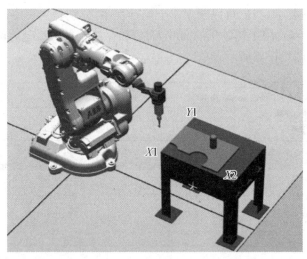

图 10 - 7　坐标系 WobJ1 三点位置

在"手动操纵"界面中,将工具坐标系设置为 Tool1,将工件坐标系设置为 WobJ1,为编写例行程序做好准备,如图 10 - 8 所示。

5. 完成例行程序 rHome 的编写

例行程序 rHome 的功能是使机器人回到合适的初始位置 pHome 点。下面介绍 rHome 程序编写的具体步骤。

(1) 在例行程序列表中,选择 rHome()选项,单击"显示例行程序"按钮,如图 10 - 9 所示。

(2) 在"手动操纵"菜单内,确认工具坐标 Tool1 和工件坐标 WobJ1。

(3) 在程序编辑器中,选中 rHome 下的<SMT>为插入指令的位置,然后单击"添加指令"按钮打开指令列表,选择 MoveJ 选项,如图 10 - 10 所示。

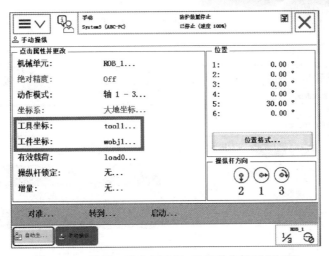

图 10-8 设置工具坐标系 Tool1 工件坐标系 WobJ1

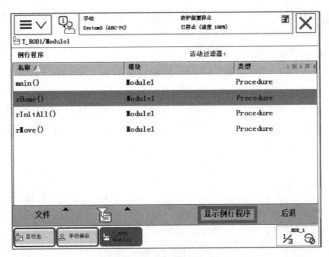

图 10-9 例行程序 rHome

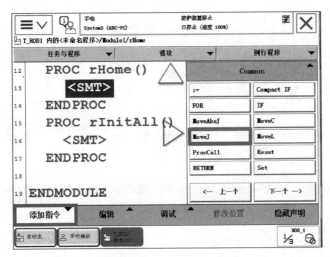

图 10-10 添加 MoveJ 指令

（4）双击"＊"，进入指令参数修改画面，新建 pHome 点，然后单击"确定"按钮，如图 10－11 所示。

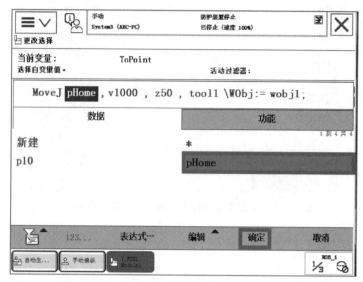

图 10－11　新建 pHome 点

（5）选中"pHome"目标点，选择合适的机器人运动模式，使用摇杆将机器人运动到图 10－12 所示的位置，作为机器人的空闲等待点，然后单击"修改位置"按钮，将机器人当前位置数据记录下来，并在图对话框中单击"修改"按钮进行确认，如图 10－13 所示。

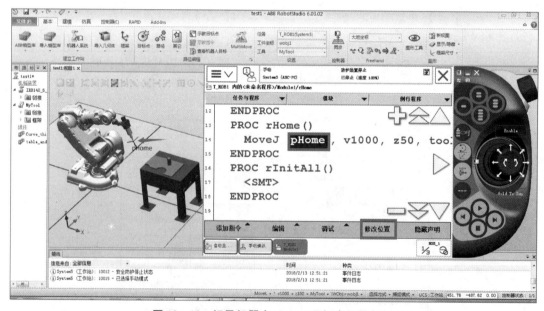

图 10－12　记录机器人 pHome 目标点位置数据

（6）双击"v1000"，将机器人速度改为"v200"，转弯区数据改为"fine"，完成 rHome 例行程序的编写，如图 10－14 所示。

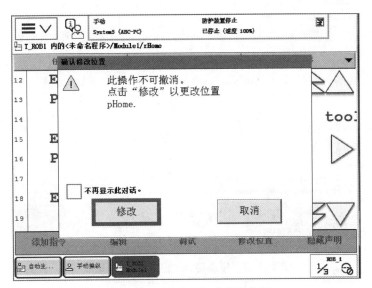

图 10-13　确认目标点位置数据

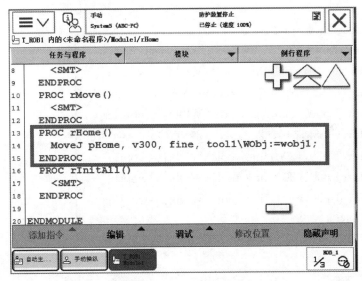

图 10-14　rHome 例行程序

提示：例行程序编辑界面中的"＋,－"号可调整程序字体的大小,可通过"单三角形"实现程序单行"上下左右"的移动,通过双三角实现程序翻页。

6.完成初始化例行程序 rInitAll 的编写

初始化程序在程序正式开始前运行,用于完成速度限定、夹具复位、机器人回机械原点等初始化动作,可根据实际需要添加。此例只添加两条速度限制指令,完成初始化后调用rHome 使机器人回到空闲位置等待。

编写完成的初始化例行程序 rInitAll,如图 10-15 所示。

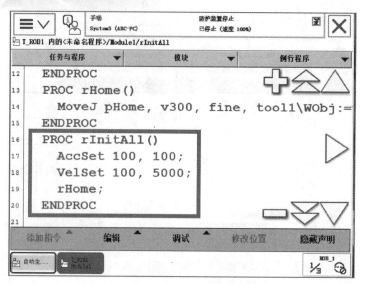

```
12  ENDPROC
13  PROC rHome()
14    MoveJ pHome, v300, fine, tool1\WObj:=
15  ENDPROC
16  PROC rInitAll()
17    AccSet 100, 100;
18    VelSet 100, 5000;
19    rHome;
20  ENDPROC
21
```

图 10-15 完成初始化程序 **rInitAll** 编写

7. 完成例行程序 rMove 的编写

例行程序 rMove 存放激光切割运动路径,程序如下所示。各目标点位置如图 10-16~图 10-24 所示。

```
PROC rMove
    MoveJ p10,v200,fine,tool1\WObj:=wobj1;
    MoveC p15,p20,v200,z1,tool1\WObj:=wobj1;
    MoveJ p30,v200,fine,tool1\WObj:=wobj1;
    MoveC p35,p40,v200,z1,tool1\WObj:=wobj1;
    MoveJ p50,v200,fine,tool1\WObj:=wobj1;
    MoveJ p60,v200,fine,tool1\WObj:=wobj1;
    MoveJ p70,v200,fine,tool1\WObj:=wobj1;
ENDPROC
```

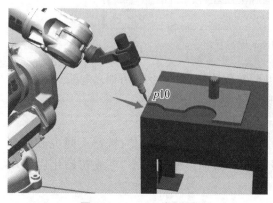

图 10-16 *p*10 点位置

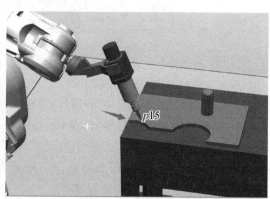

图 10-17 *p*15 点位置

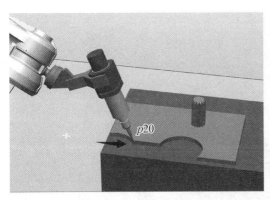

图 10 - 18　p20 点位置

图 10 - 19　p30 点位置

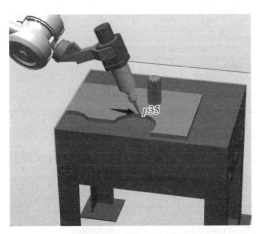

图 10 - 20　p35 点位置

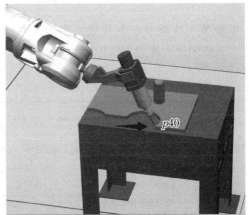

图 10 - 21　p40 点位置信息

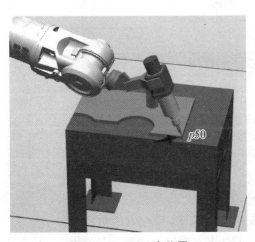

图 10 - 22　p50 点位置

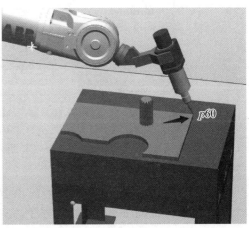

图 10 - 23　p60 点位置

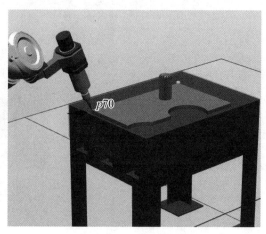

图 10 - 24 *p70* 点位置

8. 配置 I\O 板卡 651，设置数字输入信号 di1

（1）使用模板配置 DSQC651 板，651 板卡名称 Name 为"board10"，如图 10 - 25 所示；地址改为"10"，如图 10 - 26 所示。

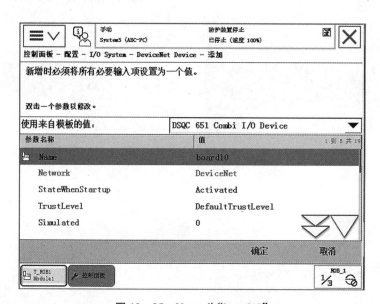

图 10 - 25 Name 为"board10"

（2）数字输入信号的设置如图 10 - 27 所示。

9. 编写主程序 main

（1）在例行程序列表中，选择主程序"main"，如图 10 - 28 所示。

（2）在开始位置调用一次初始化程序，完成初始化，如图 10 - 29 所示。

（3）使用"WHILE"指令，并将条件设定为"TRUE"，建构一个死循环，将初始化程序与正常运行的路径程序隔开，如图 10 - 30 所示。

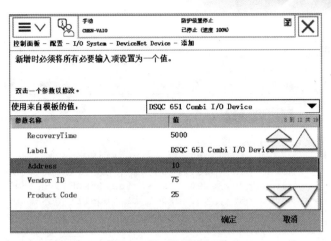

图 10－26　地址为"10"

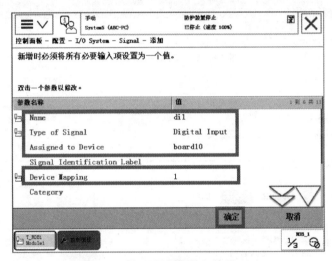

图 10－27　配置数字输入信号 di 1

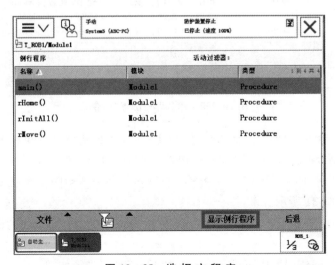

图 10－28　选 择 主 程 序

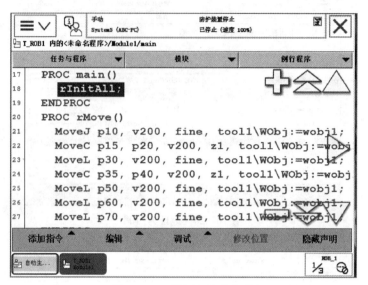

图 10-29 调用初始化程序

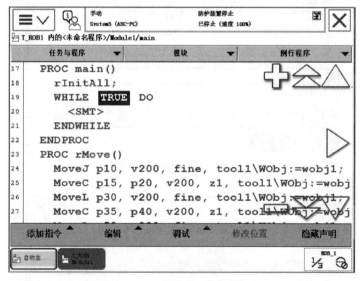

图 10-30 添加"WHILE"指令

（4）添加"IF"指令，如果数字输入信号"di 1＝1"，那么调用"rMove"程序，机器人执行激光切割任务，然后调用"rHome"程序，让机器人回到空闲位置等待下一个信号，在执行完一个激光切割任务后，调用"WaitTime"指令，参数设置为 0.3 s，防止系统 CPU 过负荷。操作完成后，如图 10-31 所示。

（5）检查程序语法：打开"调试"菜单，单击"检查程序"按钮，对程序的语法进行检查，如图 10-32 所示。

（6）"未出现任何错误"，则可进行下一步的调试程序，步骤如图 10-33 所示。

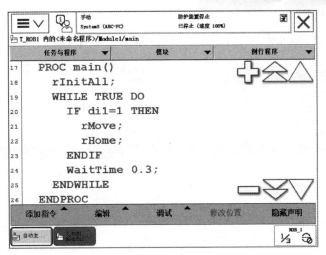

图 10-31 main 程序

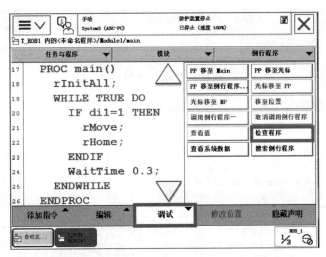

图 10-32 打开"调试"菜单,单击"检查程序"

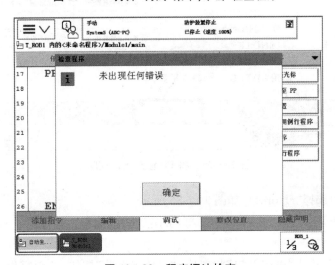

图 10-33 程序语法检查

10. 手动调试程序

（1）在调试程序前，先将数字输入信号 di1 设置为 1，如图 10-34 所示。

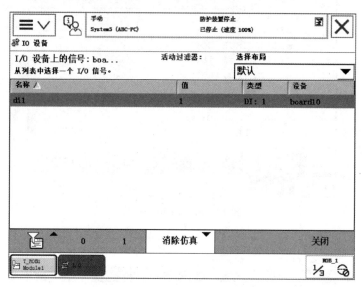

图 10-34　di1 信号置 1

（2）调试例行程序"rHome"。程序调试功能集中在"调试"菜单中，单击将"PP 移至例行程序"按钮，如图 10-35 所示。

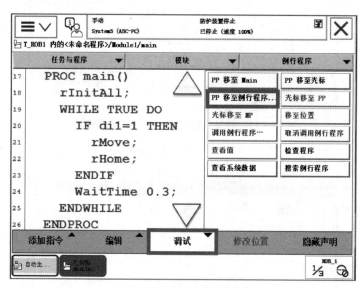

图 10-35　将 PP 移至例行程序

（3）在列表中选择"rHome"，如图 10-36 所示。

说明："PP"是程序指针（见图 10-37 框内小箭头）的简称。程序指针永远指向将要执行的指令。

按下"使能键"，进入"电机开启"状态后，按"单步向前"按钮，并观察机器人的运动情况。

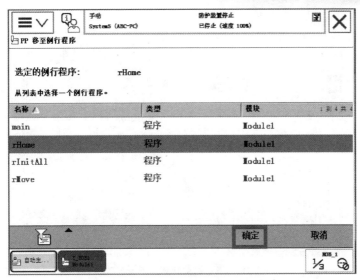

图 10‑36　调试例行程序"rHome"

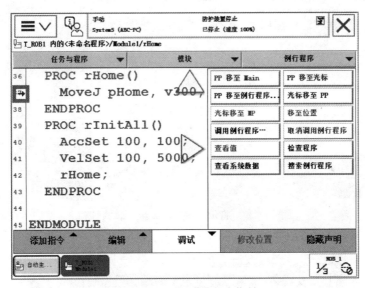

图 10‑37　"PP"是程序指针

注意,在按下"程序停止"键之前,不可松开使能键。

　　提示:程序左侧小机器人图标为当前机器人所在位置,图 10‑38 表示当前机器人在 pHome 点。

　　(4) 按上述步骤,依次调试例行程序"rMove"和主程序 main。

11. 自动运行程序

程序语法正确且手动调试后不存在运动问题,就可以将机器人系统投入自动运行状态。

　　(1) 将示教器钥匙旋至"自动状态",如图 10‑39 所示。

　　(2) 先按"确认"按钮再按"确定"按钮,完成手动状态到自动状态的转换,如图 10‑40 所示。

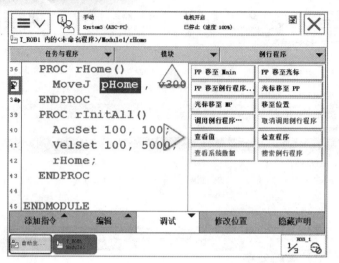

图 10‑38　当前机器人所在位置

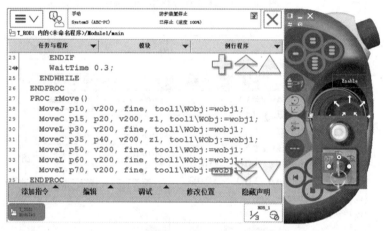

图 10‑39　将示教器钥匙旋至"自动状态"

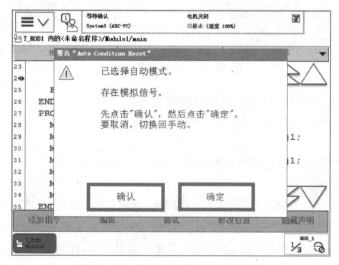

图 10‑40　单击"确认"和"确定"按钮

（3）在示教器中，选择"PP 移至 main"选项，如图 10-41 所示。

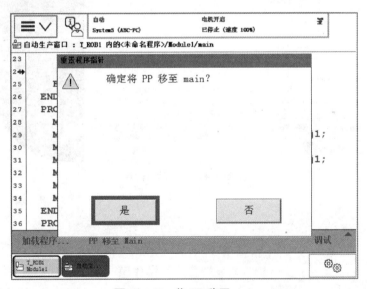

图 10-41　将 PP 移至 main

（4）在弹出的对话框中选择"是"选项，将程序指针移至主程序，如图 10-42 所示。

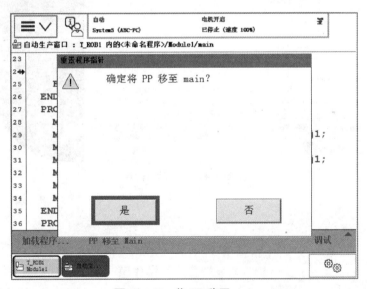

图 10-42　将 PP 移至 main

（5）在软件界面中选择"控制器"菜单，单击"控制面板"按钮，选择"启用设备"选项，使电机开启，如图 10-43 所示。

（6）按下"程序启动"按钮（见图 10-44），可以看到机器人按照程序设定的功能自动运行。

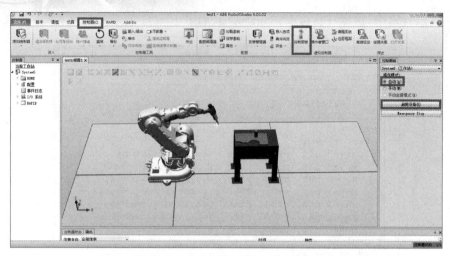

图 10-43　在控制面板中开启电机

```
17  PROC main()
18    rInitAll;
19    WHILE TRUE DO
20      IF di1=1 THEN
21        rMove;
22        rHome;
23      ENDIF
24      WaitTime 0.3;
25    ENDWHILE
26  ENDPROC
27  PROC rMove()
28    MoveJ p10, v200, fine, tool1\WObj:=wobj1;
29    MoveC p15, p20, v200, z1, tool1\WObj:=wobj1;
30    MoveL p30, v200, fine, tool1\WObj:=wobj1;
```

图 10-44　启 动 程 序

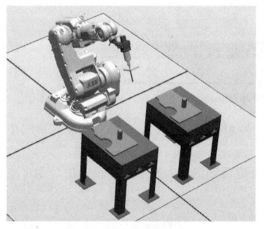

图 10-45　机器人工作站

习 题

操作题

利用 robotstuio 软件,创建如图 10-45 所示的工作站,并创建工具坐标、工件坐标,完成机器人双边轨迹路径的程序编写。

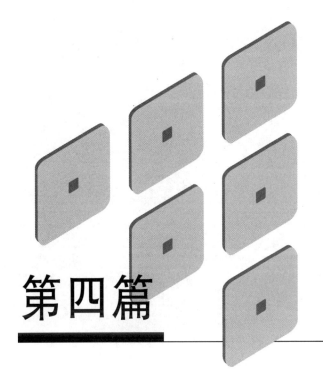

第四篇

初级应用

机器人轨迹操作与搬运码垛是工业机器人的两个基本应用,在工业应用上非常广泛。本篇从机器人目标点示教、IO 信号设置、工具坐标设置、工件坐标设置、基本指令、逻辑指令应用等方面介绍了机器人在轨迹操作、搬运码垛中的应用,并通过编写程序和调试实现机器人的应用功能。

项目十一
机器人轨迹操作与编程

任务目标

（1）熟练操作机器人进行目标点示教、IO 信号设置、工具坐标、工件坐标等基本操作。
（2）熟悉机器人基本指令、逻辑指令等指令的应用。
（3）熟练进行编程和调试。

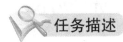

任务描述

　　机器人轨迹类操作与编程，是机器人操作的基础。本项目以福赛特工作台为平台，如图 11-1 所示。工作台上配有 IRB120 机器人、各工作模板及描绘笔工具（FSTtool）。项目要求学习者将各工作模块安装到位，并将描绘笔工具安装到机器人上，能够实现简单轨迹、圆形轨迹和矩形轨迹等各种形状平面轨迹的绘制，如图 11-2 所示。

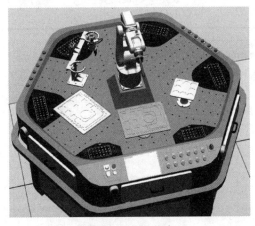

图 11-1　工作台

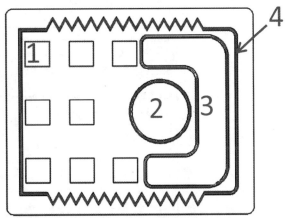

图 11-2　轨迹绘制

　　进行本项目练习时，首先打开 XM11_1.rspag 打包文件，安装各工作模块，在此基础上进行 IO 信号设置、工具坐标、工件坐标创建、目标点示教、程序编写及调试，最终完成整个基础

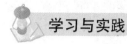

工作站的轨迹编制过程。通过本项目学习,掌握工业机器人工作站轨迹程序的编写技巧。

学习与实践

1. 准备工作

双击工作站打包文件"XM11_1.rspag",了解工作站的组成,打开 XM11_OK.exe 文件,单击播放按钮,观看机器人工作站动作视频。

之后,在此工作站基础上依次完成 I/O 配置、创建工具数据、创建工件坐标系数据、创建载荷数据、编写程序、示教目标点等操作,最终调试将机器人工作站能完成工作任务。

2. 标准 I/O 板配置

本机器人工作站在操作时,首先,机器人切换到自动状态,使用外部按钮使机器人上电、程序启动、复位、运行,并用指示灯显示机器人状态。因此,需要配置 I/O 信号。

将控制器界面语言改为中文并将运行模式转换为手动,之后依次单击"ABB 菜单"按钮—"控制面板"—"配置",进入"I/O 主题",配置 I/O 信号。本工作站采用标配的 ABB 标准 I/O 板,型号 DSQC652(16 个数字输入,16 个数字输出),则需要在 DeviceNet Device 中设置此 I/O 单元的相关参数,并在 Signal 配置具体 I/O 信号参数。

I/O 板的参数如表 11-1 所示。在图 11-3 所示 DeviceNet Device 窗口下,单击"添加"按钮,出现图 11-4 所示的窗口,使用来自模板的值中,选择 DSQC652 24VDC I/O Device 模板,然后按照表 11-1 的参数进行修改并保存,单击"确定"按钮后出现需要重启的提示,可重新启动示教器。

表 11-1 Unit 单元参数

参数名称	设 定 值	说 明
Name	d652	设定 I/O 板在系统中的名字
Device Type	652	设定 I/O 板的类型
Address	10	设定 I/O 板在总线中的地址

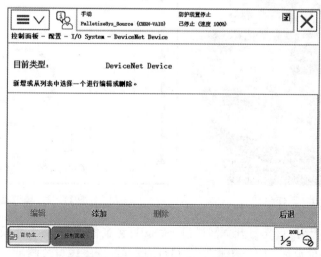

图 11-3 DeviceNet Device 窗口

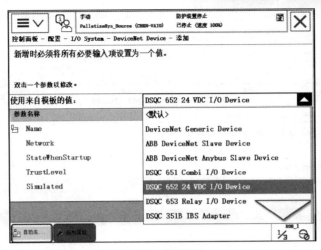

图 11 - 4　使用模板添加 Device

工作站中,需要配置的数字输入输出信号如表 11 - 2 所示。

表 11 - 2　I/O 信号参数

Name	Type of Signal	Assigned to Device	Unit Mapping	I/O 信号注解
diMotoron	Digital Input	d652	0	电机上电
diProcrun	Digital Input	d652	1	机器人主程序启动
diReset	Digital Input	d652	2	机器人复位
diStart	Digital Input	d652	3	机器人运行
doAuto	Digital Output	d652	0	机器人自动状态指示灯
doMotoron	Digital Output	d652	1	机器人上电指示灯
doCycle	Digital Output	d652	2	程序运行指示灯
doResetOK	Digital Output	d652	3	复位完成指示灯

输入信号 diMotoron 的设置如图 11 - 5 所示,表 11 - 2 中其余信号参考 diMotoron 信号完成设置。

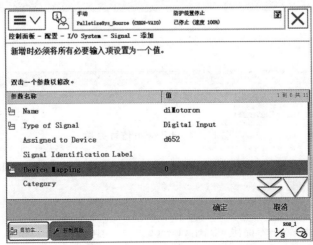

图 11 - 5　diMotoron 信号设置

表 11-2 中的 diMotoron、diProcrun 为系统输入信号,需与 System Input 中的相关信号关联。doAuto、doMotoron、doCycle 为系统输出信号,需与 System Output 中的相关信号关联。系统输入/输出信号的关联如图 11-6~图 11-10 所示。

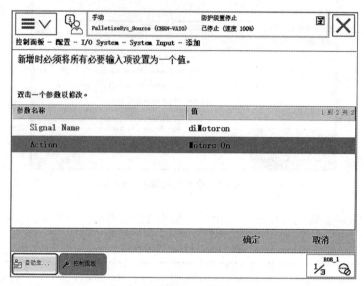

图 11-6　diMotoron 信号关联

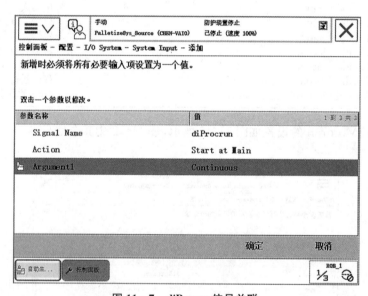

图 11-7　diProrun 信号关联

信号关联完成后,可打开仿真菜单中的 I/O 仿真器查看信号,并可对输入信号进行仿真。

3. 创建工具数据

此工作站中,工具部件为描笔,如图 11-11 所示。其长度为 179.85 mm,质量为 1 kg,重心在离端部 40 mm 处。为避免描笔与工作模块接触,描笔长度可取 180 mm。

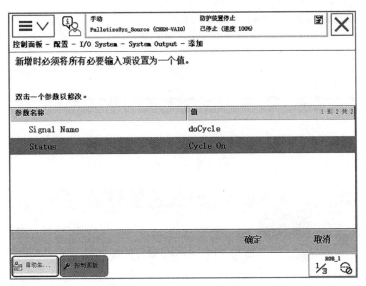

图 11 - 8　doCycle 信号关联

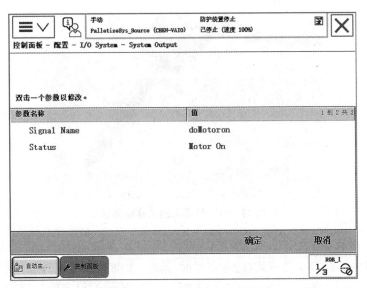

图 11 - 9　doMotoron 信号关联

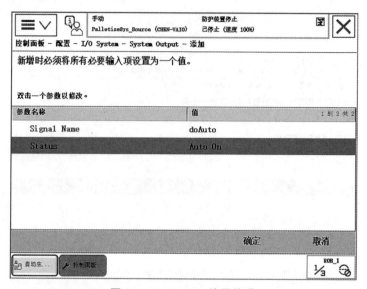

图 11-10 doAuto 信号关联

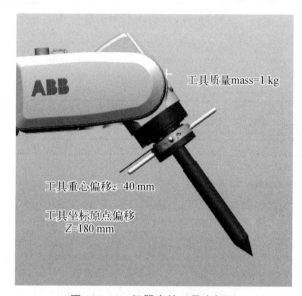

图 11-11 机器人的工具坐标系

方法 1：采用最基本的 6 点法，改变 tool0 的 X 和 Z 方向，创建 tool1 的工具坐标。

打开示教器后，设置手动方式，进入主界面，选择"手动操纵"，进入图 11-12 中选择"工具坐标"，进入后单击"新建"生成 tool1；进入图 11-13 所示的设定窗口，对工具数据属性进行设定后，单击"确定"。

新建的 tool1 完成后，在图 11-14 中单击"编辑"菜单中的"定义"选项；在图 11-15 坐标定义窗口，选择坐标定义方法，在"方法"的下拉中选择"TCP 和 Z，X"选项，使用 6 点法设定 TCP。

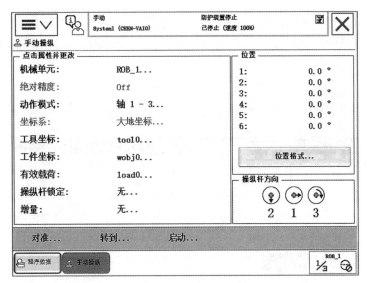

图 11 - 12 手动操纵界面

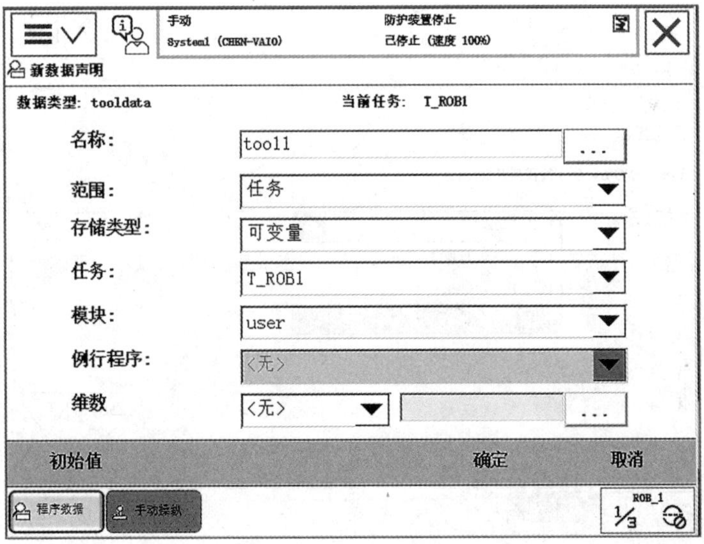

图 11 - 13 新建工具数据

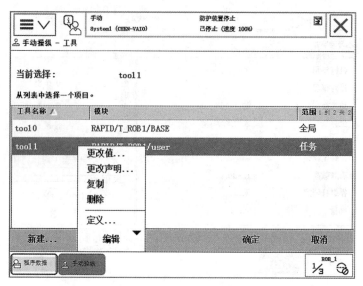

图 11 - 14　工具坐标定义

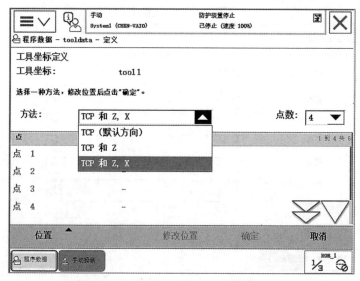

图 11 - 15　坐标定义方法选择

选择工作站中一固定点,本例以图 11 - 16 中工件上一顶点 A 为固定点。选择合适的手动操纵模式,按下使能键,使用摇杆使工具参考点靠上固定点,作为第一点,如图 11 - 17 所示;然后在图 11 - 18 所示的"工具坐标定义"窗口,选中"点 1"单击"修改位置"按钮,将点 1 位置记录下来。

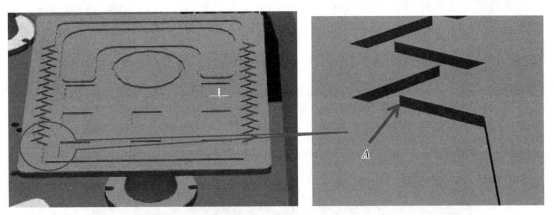

图 11 - 16　选取固定点

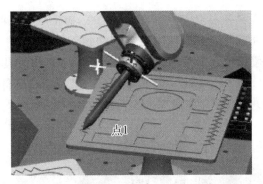

图 11 - 17　点　　　1

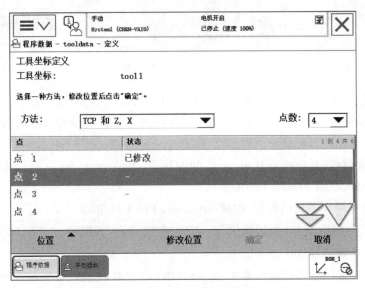

图 11 - 18　记录点 1 的位置

下面采用记录点 1 的方法记录点 2 和点 3,点 2 和点 3 需要以不同姿态,再分别靠上固定点 A,如图 11-19 所示。然后单击"修改位置"按钮,将点 2 和点 3 的位置分别记录下来。

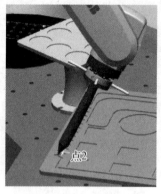
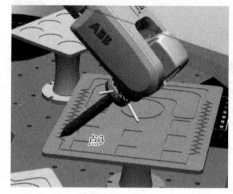

图 11-19　工具坐标点 2 和点 3 的位置

而点 4 的位置必须工具参考点以垂直靠上固定点,再把点 4 位置记录下来,如图 11-20 所示。工具参考点以点 4 的垂直姿态从固定点移动到工具 TCP 的 $+X$ 方向,单击"修改位置"按钮将延伸器点 X 位置记录下来,如图 11-21 所示。再将工具参考点以点 4 垂直姿态从固定点移动到工具 TCP 的 $+Z$ 方向,单击"修改位置"按钮将延伸器点 Z 位置记录下来,如图 11-22 所示。

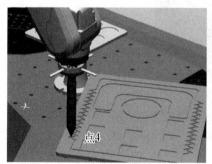

图 11-20　点 4　　　　　　图 11-21　点 X　　　　　　图 11-22　点 Z

6 个点设定完成并确认后,会弹出计算的窗口,对误差进行确认,当然是误差越小越好,但也要以实际验证效果为准。回到工具坐标界面,选中新建的 tool1,然后打开编辑菜单选择"更改值"选项,在此界面显示内容都是 TCP 定义的数据,设定工具的质量 mass(单位 kg)为 1 和中心位置数据(此重心是基于 tool0 的偏移值,单位 mm)为(0,0,40),然后单击"确定"按钮完成设置,如图 11-23 所示。

方法 2:直接输入工具的数据,创建 mypentool 的工具坐标

mypentool 坐标系 tool0 坐标系仅在 z 方向有偏移,x 方向和 y 方向均无偏移,坐标方向也不变,坐标系数据如表 11-3 所示。

新建 mypentool 后,通过编辑菜单下"更改值"选项修改工具坐标的"Trans""mass"和"cog"值即可。"Trans"如图 11-24 所示;"mass"和"cog"如图 11-23 所示。

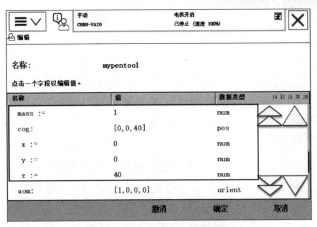

图 11 - 23　mass 与 cog 值修改

表 11 - 3　工具坐标系数据

	参 数 名 称 mypentool	参 数 数 值 TRUE
Trans		
	X	0
	Y	0
	Z	180
Rot		
	q1	1
	q2	0
	q3	0
	q4	0
	Mass	1
Cog		
	X	0
	Y	0
	Z	40

其余参数均为默认值

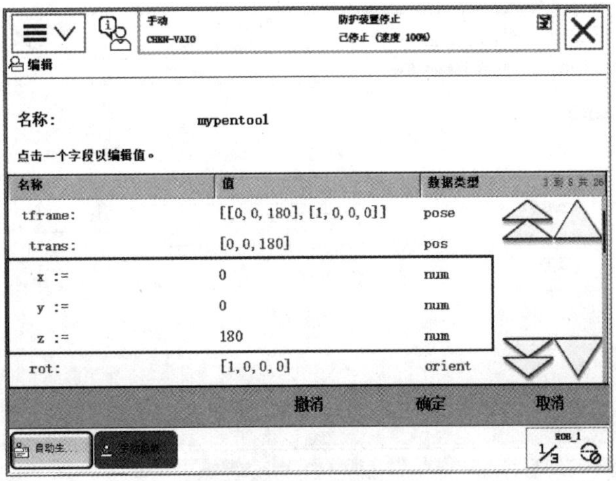

图 11 - 24　修改 trans 值

图 11 - 25　mypentool 工具

新建完成后,可在笔尖处看到工件坐标系坐标方向,如图 11 - 25 所示。

4. 创建工件坐标系数据

在本项目工作站中,只涉及轨迹的运动,其参考坐标系直接采用默认工件坐标系 wobj0。

5. 创建载荷数据

在本工作站中,只涉及轨迹的运动,无须重新设定载荷数据。

6. 创建程序模块和例行程序

在示教器的程序编辑器中进行程序模块的新建,依次单击"ABB 菜单"—"程序编辑器",若出现新建程序提示框,暂时单击"取消"按钮,之后可在程序模块界面进行新建,如图 11 - 26 所示。

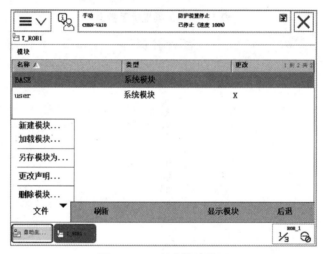

图 11 - 26　新建模块界面

新建一个 MainModule 的模块,如图 11 - 27 所示。

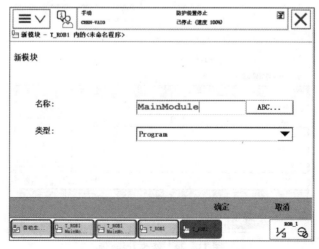

图 11 - 27　新建 MainModule 模块

在 MainModule 模块下,新建一个 main 例行程序,如图 11‑28 和图 11‑29 所示。

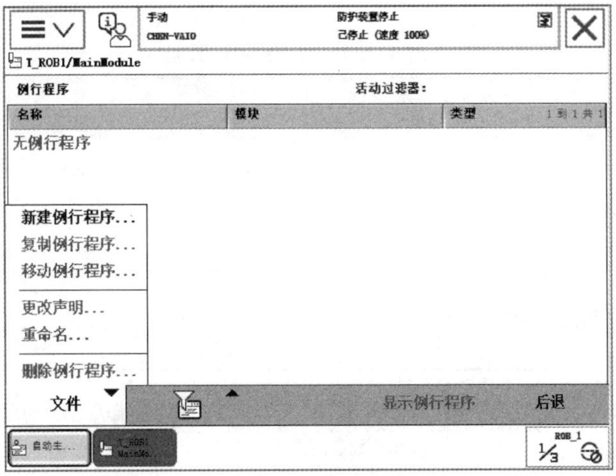

图 11‑28 新建例行程序

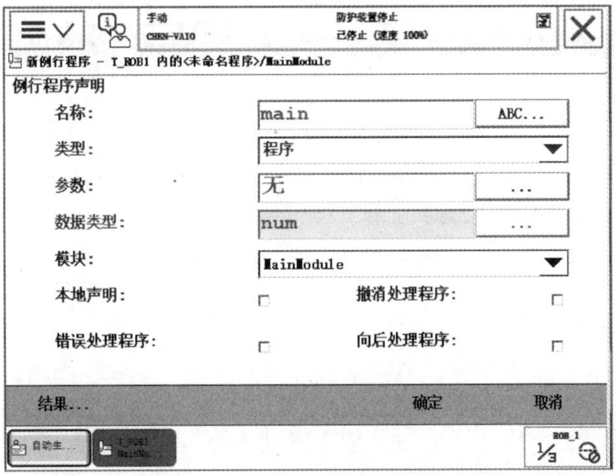

图 11‑29 main 主程序声明

7. 程序编写与调试

工作站基本功能要求如下:机器人工作站上电后,将机器人模式调至自动状态,在自动状态下显示灯常亮;此时按下电机上电按钮,电机上电指示灯亮;然后按下主程序启动按钮,主程序开始运行,运行指示灯亮;按下复位按钮,机器人回到工作原点,复位完成指示灯亮,此时按下机器人工作按钮,机器人开始按照 1～4 的轨迹完成描轨,完成 1 个轨迹机器人先回到原点,然后再开始下一个描轨动作。

1) 程序结构规划

本基础工作站共有 4 个图案轨迹需描图,涉及的目标点较多、可将每个图案的轨迹作为 1 个子程序,该子程序中包含本图案目标点程序。在主程序中调用不同图案的子程序即可实现描图轨迹。程序中还建立了 1 个初始化子程序,用于程序的初始化,因此初始化时,机器人回到初始点即可。

采用主程序、子程序的方法可使程序结构清晰,利于查看修改。具体子程序和对应的功能如表 11-4 所示。

表 11-4 程 序 列 表

序　号	子程序	对应图案	序　号	子程序	对应图案
1	rIntiAll	初始化	4	Path_30	描图 U 形槽
2	Path_10	描图正方形槽	5	Path_40	描图外框锯齿形槽
3	Path_20	描图圆形槽			

例行程序创建完成后,如图 11-30 所示。

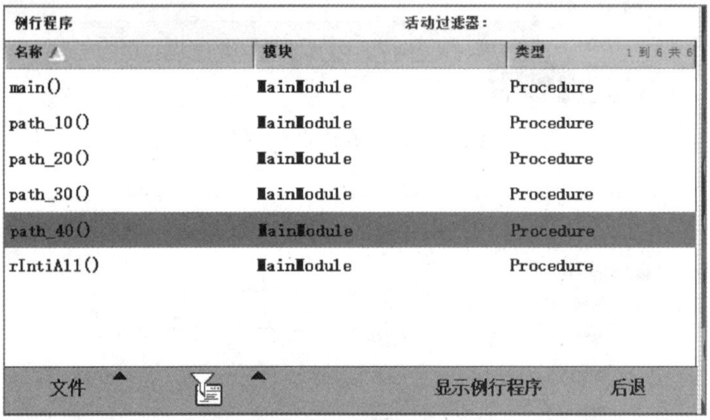

图 11-30 例行程序结构

2) 程序编写
(1) 主程序。

```
PROC main()
//主程序
PROC main()
    rIntiAll;        //调用初始化程序,用于复位机器人位置、信号、数据等
    WaitDI diStart, 1;   //等待机器人开始工作信号
    Reset doResetOK;   //复位完成指示灯灭
    path_10;          //走 1# 轨迹
    MoveJ phome, v1000, fine, mypentool;   //回原点
    path_20;          //走 2# 轨迹
    MoveJ phome, v500, fine, mypentool;
    path_30;          //走 3# 轨迹
    MoveJ phome, v500, fine, mypentool;
    path_40;          //走 4# 轨迹
    MoveJ phome, v500, fine, mypentool;
ENDPROC
```

（2）初始化程序。因机器人外围设备少，本工作站复位工作只需完成机器人的复位即可，rIntiAll 子程序如下。

```
PROC rIntiAll()
    WaitDI diReset, 1;   //等待复位信号
    MoveJ phome, v500, fine, mypentool;     //回原点
    Set doResetOK;      //发出复位完成信号
ENDPROC
```

其中 phome 工作原点位置需进行示教，如图 11 - 31 所示。

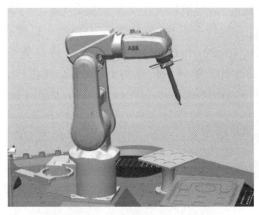

图 11 - 31　工作原点 phome 位置

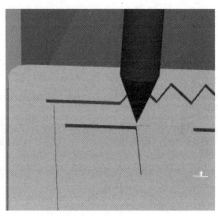

图 11 - 32　path10_1 位置

（3）四边形槽程序。描图四边形槽时，机器人四边形槽第 1 个位置点正上方，然后依次至四边形槽第 1 个位置点、第 2 个位置点、第 3 个位置点、第 4 个位置点。该四边形边长为 36 mm，为了减少示教工作量，可以只示教其中一个点位置，如图 11 - 32 所示。

其余 3 个点的位置可以在 wobj0 工件坐标下用 offs 功能指令实现，如图 11 - 33 所示。第二点位置为 Offs(path10_1,36, 0,0)；第三点位置 Offs(path10_1,36, −36,0)；第四点位置为 Offs(path10_1,0, −36,0)。工具在从工作原点进入和离开描图第一点时，需要设置一个进入位置和离开位置，都可设在第一个位置上方 50 mm 地方，该点为 Offs(path10_1, 0, 0, 50)。

正方形的描图程序如下。

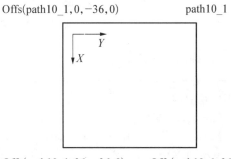

图 11 - 33　偏移位置

```
PROC Path_10()
//四边形槽轨迹程序
    MoveJ Offs(path10_1,0,0,50), v200, z20, mypentool;
```

```
MoveL path10_1, v200, fine, mypentool\WObj:=wobj0;
MoveL Offs(path10_1,36,0,0), v200, fine, mypentool\WObj:=wobj0;
MoveL Offs(path10_1,36,-36,0), v200, fine, mypentool\WObj:=wobj0;
MoveL Offs(path10_1,0,-36,0), v200, fine, mypentool\WObj:=wobj0;
MoveL path10_1, v200, fine, mypentool\WObj:=wobj0;
MoveJ Offs(path10_1,0,0,50), v200, z20, mypentool;
ENDPROC
```

（4）圆形槽，如图 11-34 所示。工件圆形槽，内圆半径为 42.5 mm，外圆半径为

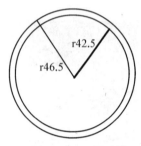

46.5 mm，槽宽度为 4 mm，走轨迹时，要求笔尖沿着槽的中央。完成一个圆形轨迹，需要机器人走 2 段圆弧，因此，为了减少示教工作量，只需示教一个点，圆心位置为 path20-1，那么第一个位置为 Offs(path20_1,0,-44.5,0)；第二点位置为 Offs(path20_1,44.5,0,0)；第三点位置为 Offs(path20_1,0,44.5,0)，第四点位置为 Offs(path20_1,-44.5,0,0)；如图 11-35 所示。需要设置一个进入位置和离开位置，都可设在第一个位置上方 50 mm 地方，该点为 Offs(path20_1,0,-44.5,50)。

图 11-34　圆形槽

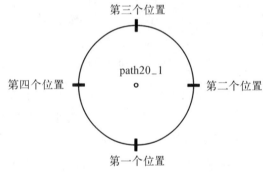

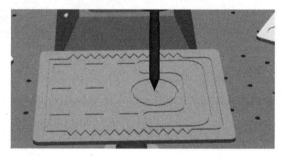

图 11-35　圆形槽示教点

圆形框描图程序如下

```
PROC Path_20()
//圆形槽轨迹程序
    MoveJ Offs(path20_1,44.5,0,50), v200, fine, mypentool\WObj:=wobj0;
    MoveL Offs(path20_1,44.50,0,0), v200, fine, mypentool\WObj:=wobj0;
    MoveC Offs(path20_1,0,44.5,0), Offs(path20_1,-44.5,0,0), v500, fine,
mypentool\WObj:=wobj0;
    MoveC Offs(path20_1,0,-44.5,0), Offs(path20_1,44.5,0,0), v500, fine,
mypentool\WObj:=wobj0;
    MoveL Offs(path20_1,44.5,0,50), v200, fine, mypentool\WObj:=wobj0;
    ENDPROC
```

（5）凹形槽，如图 11‑36 所示。凹形槽由直线和 1/4 圆弧组成，尺寸槽宽为 4 mm，槽中间圆弧半径为 20 mm，走轨迹时要求笔尖沿着槽的中央。要完成凹形轨迹，示教了 16 个点，分别为 path30_1 到 path30_16，这 16 个点是凹形槽外圈的点，槽中间点只需用 Offs 功能进行偏移即可。另外示教了 8 个圆弧的中间点，分别为 path30_c1 到 path30_c8。最后按照圆弧及直线对圆弧槽进行编程。同样参照正方形轨迹设置进入位置和离开位置。

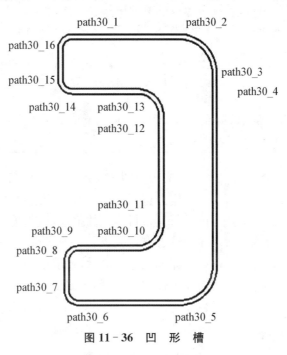

图 11‑36　凹　形　槽

凹形槽描图程序如下。

```
PROC path_30()
    MoveJ Offs(path30_1,2,0,50), v500, z50, mypentool;
    MoveL Offs(path30_1,2,0,0), v200, fine, mypentool\WObj:=wobj0;
    MoveL Offs(path30_2,2,0,0), v200, fine, mypentool\WObj:=wobj0;
    MoveC Offs(path30_c1,2,0,0), Offs(path30_3,0,-2,0), v200, fine, mypentool\WObj:=wobj0;
    MoveL Offs(path30_4,2,0,0), v200, fine, mypentool\WObj:=wobj0;
    MoveC Offs(path30_c2,-2,0,0), Offs(path30_5,-2,0,0), v200, fine, mypentool\WObj:=wobj0;
    MoveL Offs(path30_6,-2,0,0), v200, fine, mypentool\WObj:=wobj0;
    MoveC Offs(path30_c3,-2,0,0), Offs(path30_7,0,2,0), v200, fine, mypentool\WObj:=wobj0;
    MoveL Offs(path30_8,0,2,0), v200, fine, mypentool\WObj:=wobj0;
    MoveC Offs(path30_c4,0,2,0), Offs(path30_9,2,0,0), v200, fine, mypentool\WObj:=wobj0;
    MoveL Offs(path30_10,2,0,0), v200, fine, mypentool\WObj:=wobj0;
```

```
        MoveC Offs(path30_c5,2,0,0), Offs(path30_11,0,2,0), v200, fine, mypentool\
    WObj:=wobj0;
        MoveL Offs(path30_12,0,2,0), v200, fine, mypentool\WObj:=wobj0;
        MoveC Offs(path30_c6,0,2,0), Offs(path30_13,-2,0,0), v200, fine,
    mypentool\WObj:=wobj0;
        MoveL Offs(path30_14,-2,0,0), v200, fine, mypentool\WObj:=wobj0;
        MoveC Offs(path30_c7,0,2,0), Offs(path30_15,0,2,0), v200, fine, mypentool\
    WObj:=wobj0;
        MoveL Offs(path30_16,0,2,0), v200, fine, mypentool\WObj:=wobj0;
        MoveC Offs(path30_c8,0,2,0), Offs(path30_1,2,0,0), v200, fine, mypentool\
    WObj:=wobj0;
        MoveJ Offs(path30_1,2,0,50), v500, z50, mypentool;
    ENDPROC
```

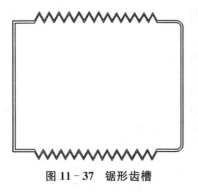

图 11-37 锯形齿槽

(6) 锯形齿槽,如图 11-37 所示。

锯形齿槽可采用示教几个少数点,然后利用偏移功能进行其余目标点的描述,进而编写完整的程序,具体程序由读者自行完成。

完成上述轨迹后,要求增加 4 个按钮,机器人能够根据 4 个按钮的选择,分别走 1♯~4♯ 轨迹,完成 1 次后,机器人回到工作原点,等待下个选择信号。因此我们需要增加 4 个输入信号,如表 11-5 所示。

表 11-5 I/O信号参数

Name	Type of Signal	Assigned to Device	Unit Mapping	I/O信号注解
di_select1	Digital Input	d652	4	选择轨迹 1
di_select2	Digital Input	d652	5	选择轨迹 2
di_select3	Digital Input	d652	6	选择轨迹 3
di_select4	Digital Input	d652	7	选择轨迹 4

同时增加一个按钮信号的处理子程序 select,根据按钮按下的情况,对 num 类型的数据 i 进行赋值,程序如下。

```
PROC select()
    IF di_select1 = 1 i := 1;
    IF di_select2 = 1 i := 2;
    IF di_select3 = 1 i := 3;
    IF di_select4 = 1 i := 4;
ENDPROC
```

主程序中做相应的处理,第一用 while 结构做一个循环;第二用 If 结构根据 I 的值选择需要执行的轨迹例行程序。

```
PROC  main()
  rIntiAll；
  WaitDI diStart，1；
  Reset doResetOK；
  WHILE TRUE DO
    select；
    IF i = 1 path_10；
    IF i = 2 path_20；
    IF i = 3 path_30；
    IF i = 4 path_40；
    MoveJ phome，v500，fine，mypentool；
    i：=0；
  ENDWHILE
ENDPROC
```

 **拓展训练**

在工作台上安装同样的一块工件，如图
11-38所示。再增加1个选择按钮，用于选择1
号工件还是2号工件。根据5个按钮的选择，机
器人选择1号板还是2号板上的某个轨迹进行
运行。

处理的思路如下：新建一个信号 di_
select5，该信号用于对num类型的数据 j 进行赋
值1或者2号板。新建4个2号板上的轨迹例
行程序：path_10_2、path_20_2、path_30_2 和
path_40_2。具体的信号和轨迹的关系如表
11-6所示。

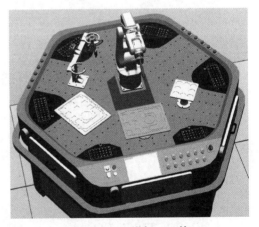

图11-38 增加一工件

表 11-6 轨迹与运行条件

序 号	轨 迹	运行条件（信号）	
1	path_10	j=1	i=1
2	path_20	j=1	i=2
3	path_30	j=1	i=3
4	path_40	j=1	i=4
5	path_10_1	j=2	i=1
6	path_20_1	j=2	i=2

(续表)

序　号	轨　　迹	运行条件(信号)	
7	path_30_1	j=2	i=3
8	path_40_1	j=2	i=4

为了减少示教工作量,我们建立1号板和2号板的工件坐标,分别为 wobj1 和 wobj2,如图 11-39 所示。

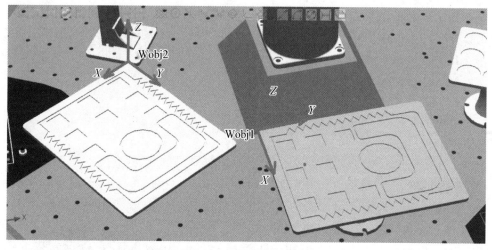

图 11-39　工件坐标设置

在工件坐标 Wobj1 下对 1 号板各个目标点进行示教,2 号板上的目标点则无须进行示教,只需利用 1 号板上示教的点即可。

具体主程序如下。

```
PROC main()
  rIntiAll;
  WaitDI diStart,1;
  Reset doResetOK;
  WHILE TRUE DO
  select;
  IF i = 1 And j=1 path_10;
  IF i = 2 And j=1 path_20;
  IF i = 3 And j=1 path_30;
  IF i = 4 And j=1 path_40;
  IF i = 1 And j=2 path_10_1;
  IF i = 2 And j=2 path_20_1;
  IF i = 3 And j=2 path_30_1;
  IF i = 4 And j=2 path_40_1;
```

MoveJ phome，v500，fine，mypentool；

   i：＝0；

   j：＝0；

ENDWHILE

ENDPROC

习 题

操作题

打开"XM11_Glue.rspag"文件，如图 11 - 40 所示，该工作站为玻璃涂胶工作站，工作站中已建立好工具坐标，玻璃边缘可处理为由多段直线和圆弧组成，最少的参考示教点可参考图 11 - 41，编写机器人涂胶的轨迹程序。

图 11 - 40 玻璃涂胶工作站

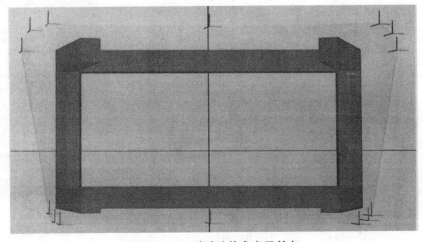

图 11 - 41 玻璃边缘参考示教点

项目十二

搬运工作站操作与编程

（1）熟练操作机器人进行目标点示教、IO 信号设置、工具坐标、工件坐标等基本操作。
（2）熟悉机器人搬运的基本原理和操作。
（3）机器人基本指令、逻辑指令等指令的应用。
（4）熟练进行编程和调试。

任务描述

本项目为工业机器人在搬运方面的应用，项目选择 IRB460 工业机器人对通过传输线输送来的工件进行搬运码垛操作，工作站布局如图 12-1 所示。工件大小为 600 mm×400 mm×200 mm，垛型图如图 12-2 所示。

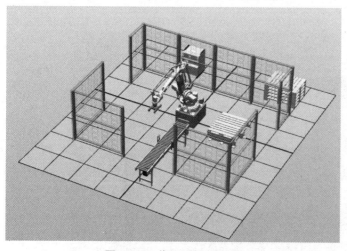

图 12-1　搬运码垛工作站

图 12-2　垛型图

1. 知识准备

码垛是指将形状基本一致的产品按一定的要求堆叠起来。码垛机器人的功能就是把料袋或者料箱一层一层码到托盘上，如图 12-3 所示。适应于化工、饮料、食品、啤酒、塑料等自动生产企业；对各种纸箱、袋装、罐装、啤酒箱等各种形状的包装都适应。

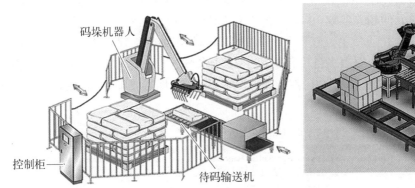
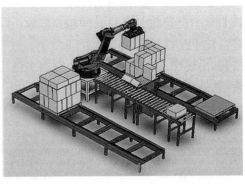

图 12-3　机器人码垛应用

码垛摆放要求如图 12-4 所示，奇数层码垛要求如图（a）所示，偶数层要求如图（b）所示，并依次规律进行叠加。

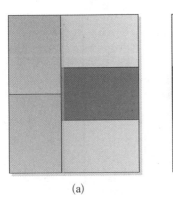

(a)　　　　　　(b)

图 12-4　码垛单双层

(a) 奇数层；(b) 偶数层

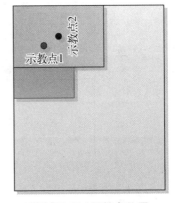

图 12-5　示教点位置

每层有 5 个位置点，如果有 5 层，就有 25 个位置点。可以通过示教第一层的 2 个基础位置点，其余各层位置点分别用这 2 个位置点表示出来。示教的 2 个位置点如图 12-5 所示。

2. 准备工作

双击工作站打包文件"XM12_1.rspag"，了解工作站的组成，打开 XM12_OK.exe 文件，单击"播放"按钮，观看机器人工作站动作视频。

之后，在此工作站基础上依次完成 I/O 配置、创建工具数据、创建工件坐标系数据、创建载荷数据、编写程序、示教目标点等操作，最终调试将机器人工作站能完成工作任务。

3. 标准 I/O 板配置

本机器人工作站在操作时，机器人需要与外围的信号：托盘在位、工件传送到位、开吸盘真空开关进行交互，因此，需要配置 IO 信号。

将控制器界面语言改为中文并将运行模式转换为手动，之后依次单击"ABB 菜单"按钮—"控制面板"按钮—"配置"按钮，进入"I/O 主题"，配置 I/O 信号。本工作站采用标配的 ABB 标准 I/O 板，型号 DSQC652（16 个数字输入，16 个数字输出），则需要在 DeviceNet Device 中设置此 I/O 单元的相关参数，并在 Signal 配置具体 I/O 信号参数。

I/O 板的参数，如表 12-1 所示。在图 12-6 的 DeviceNet Device 窗口下，单击"添加"按钮，出现图 12-7 的窗口，从使用来自模板的值中，选择 DSQC652 24VDC I/O Device 模板，然后按照表 12-1 的参数进行修改并保存，单击"确定"后，出现需要重启的提示，可重新启动示教器。

表 12-1　Unit 单元参数

参 数 名 称	设 定 值	说　　明
Name	d652	设定 I/O 板在系统中的名字
Device Type	652	设定 I/O 板的类型
Address	10	设定 I/O 板在总线中的地址

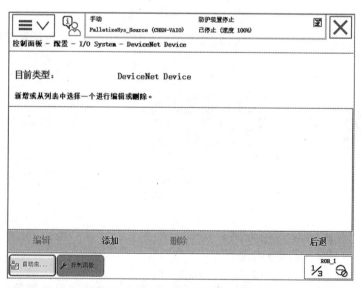

图 12-6　DeviceNet Device 窗口

工作站中，需要配置的数字输入输出信号，如表 12-2 所示。

4. 创建工具数据

此工作站中，工具部件为吸盘工具，需要创建一个 tGrip 的工具坐标。本搬运工作站使用的吸盘工具部件较为规整，参数如图 12-8 所示。

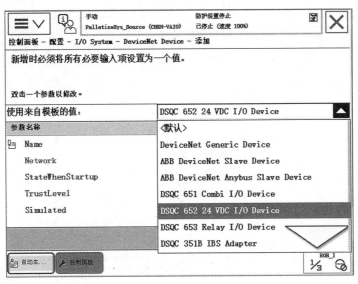

图 12 - 7　使用模板添加 Device

表 12 - 2　I/O 信号参数

Name	Type of Signal	Assigned to Device	Unit Mapping	I/O 信号注解
diBoxInPos1	Digital Input	d652	4	工件传送到位
diPalletInPos1	Digital Input	d652	5	托盘在位
doGrip	Digital Output	d652	4	吸盘真空开关

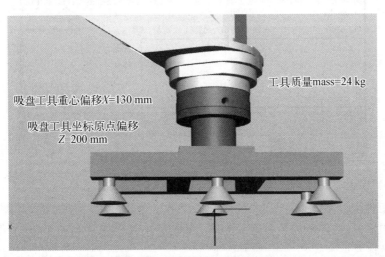

图 12 - 8　机器人的工具坐标系

　　新建的吸盘工具坐标系 tGip 只是坐标系原点相对于 tool0 来说沿着其 Z 轴正方向偏移 200 mm，X 轴、Y 轴、Z 轴方向不变，沿用 tool0 方向。吸盘工具质量 24 kg，重心沿 tool0 坐标系 Z 方向偏移 130 mm。在示教器中，编辑工具数据确认各项数值，如表 12 - 3 所示。

表 12 - 3　工具坐标系数据

参 数 名 称 tGrip		参 数 数 值 TRUE
trans		
	X	0
	Y	0
	Z	200
rot		
	q1	1
	q2	0
	q3	0
	q4	0
	mass	24
cog		
	X	0
	Y	0
	Z	130

其余参数均为默认值

"Trans"修改如图 12 - 9 所示；"mass"和"cog"修改如图 12 - 10 所示。

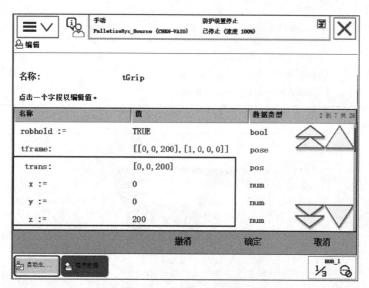

图 12 - 9　修改 trans 值

5. 创建工件坐标系数据

在本工作站中,工件坐标系采用系统默认的初始工件坐标系 Wobj0(此工作站的 Wobj0 与机器人基坐标系重合)。

6. 创建载荷数据

在本工作站中,创建 2 个载荷数据,分别为空载载荷 LoadEmpty 和满载载荷 LoadFull。设置时只需设置重量和重心 2 个数据,空载载荷 LoadEmpty 和满载载荷 LoadFull 设置如图 12 - 11 和图 12 - 12 所示。

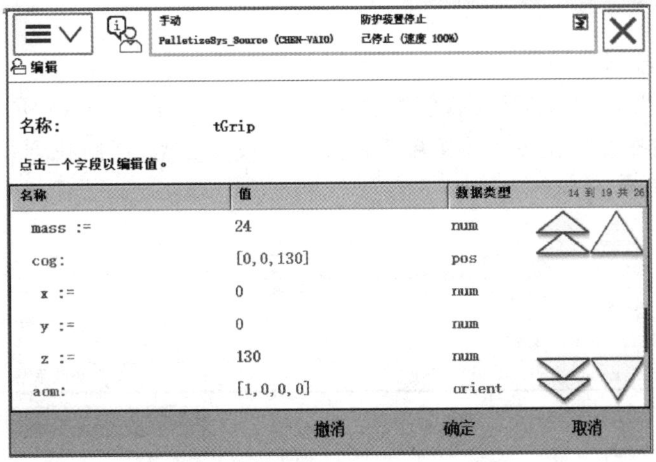

图 12 - 10 修改 mass 和 cog 值

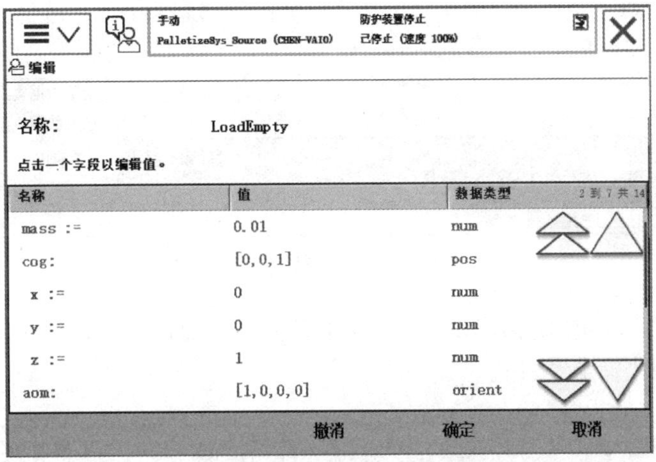

图 12 - 11 空载载荷 LoadEmpty 设置

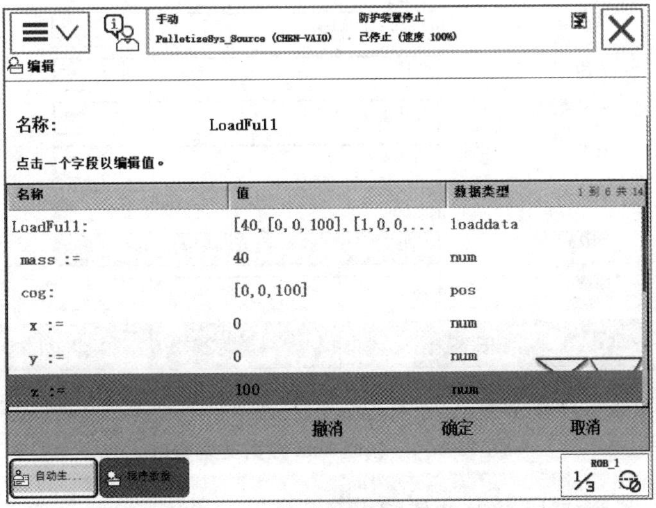

图 12 - 12 满载载荷 LoadFull 设置

7. 创建标志

1）托盘满标志 bPalletFull1

bPalletFull1 为 bool 类型数据,创建过程如图 12-13～图 12-15 所示。

（1）在程序数据窗口视图下拉菜单中选择全部数据类型,然后找到并选中 bool 数据类型,如图 12-13 所示。

图 12-13 选择数据类型窗口

（2）单击"bool"按钮出现图 12-15 所示的数据声明窗口。在数据声明窗口将名称改为 bPalletFull,并单击"确定"按钮。

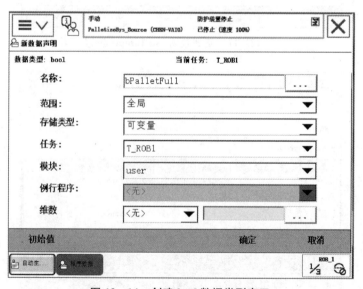

图 12-14 创建 bool 数据类型窗口

（3）在图 12-16 窗口中,将其初值赋为 False。

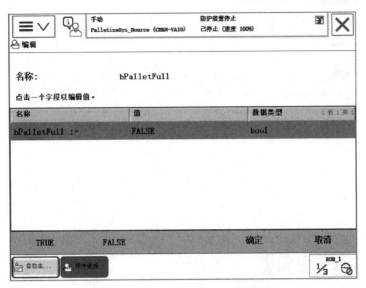

图 12 - 15 修改 bPalletFull 数据初值

2）创建工件计数数据 nCount1

nCount1 为 num 类型的数据，创建过程如图 12 - 16 和图 12 - 17 所示。

（1）在数据类型窗口中选择 num 类型数据并单击，出现创建 num 类型数据窗口，将其名称修改为 nCount1，如图 12 - 16 所示。

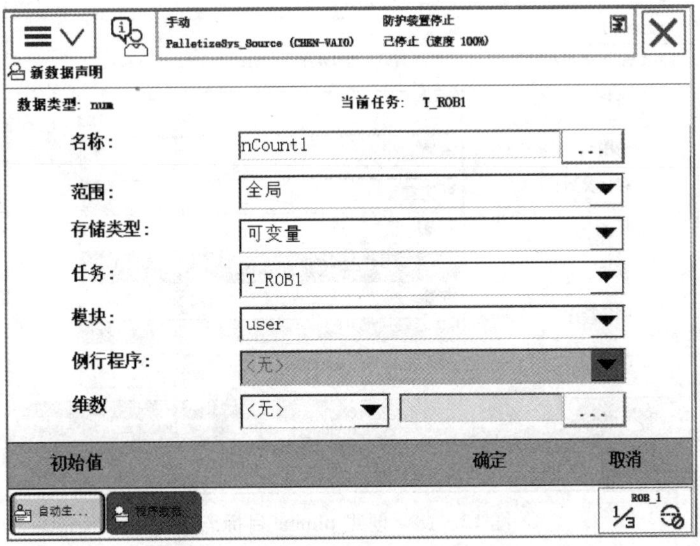

图 12 - 16 创建 num 数据类型窗口

（2）在图 12 - 17 窗口中，将其初值赋为 1。

8. 关键目标点示教

关键目标点主要有：工作原点（phome）、传送带抓取工件位置（pPick）、放置基准点 1（pBase1）以及放置基准点 2（pBase2）。

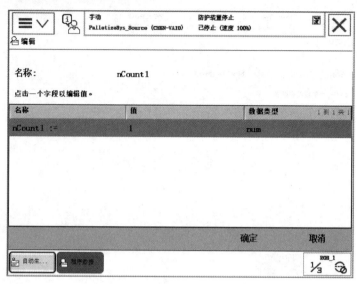

图 12-17 修改 nCount1 数据初值

以创建 phome 目标点为例，在数据类型窗口中选择 robtarger 类型数据并单击，出现创建 robtarget 类型数据窗口，将其名称修改为 phome，存储类型为可变量，如图 12-18 所示。

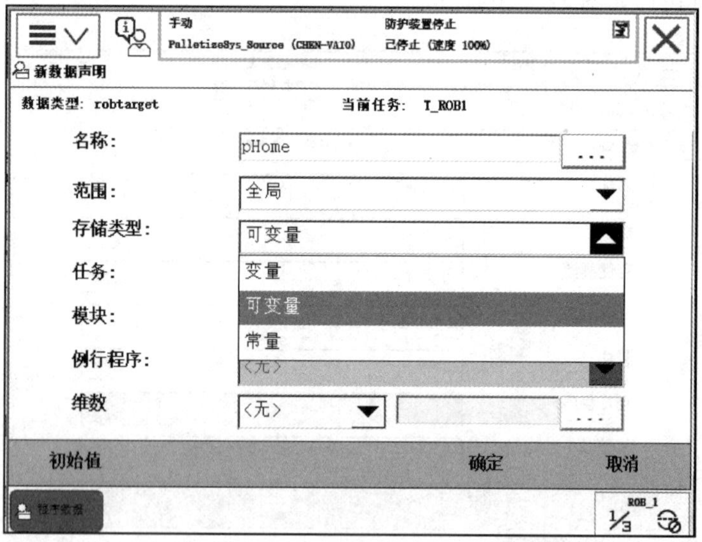

图 12-18 创建 phome 目标点

4 个目标点数据创建完成后，如图 12-19 所示。

1）pPick 示教

在布局窗口，将"物料 pick_示教"工件设为可见，这样在传送带末端就会出现一个工件。通过移动机器人，使工具位置如图 12-20 所示；然后打开图 12-19 的窗口，选中编辑菜单，单击修改位置，这样 pPick 目标点就示教完成。

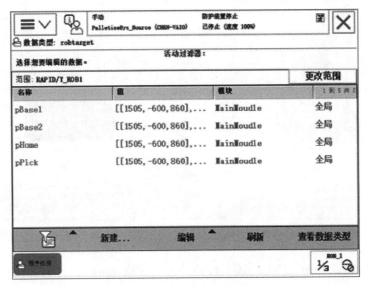

图 12-19 目标点创建完成

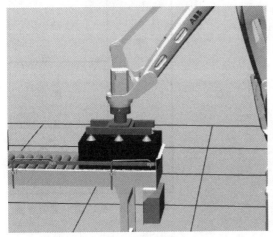

图 12-20 pPick 目标点

图 12-21 phome 目标点

2）phome 示教

在 pPick 目标点基础上，通过移动机器人的 Z 方向，使工具位置，如图 12-21 所示；同样的方法对 phome 目标点进行示教。

3）pBase1 和 pBase2 示教

分别将布局窗口的"物料 Base1_示教"和"物料 Base2_示教"工件设为可见，这两个工件分别为 pBase1 和 pBase2 的示教位置，如图 12-22 和图 12-23 所示。采用示教 pPick 的方法分别示教这 2 个目标点。

9. 放置位置的处理可变量 pPlace 设置

在码垛过程中，放置位置是变化的，每一个位置都不同，但又有着联系。图 12-24 是码垛第一层的 5 个位置，在工件坐标 wobj0 下，可以用 pBase1 和 pBase2 描述这 5 个位置。分

图 12-22 pBase1 放置位置目标点

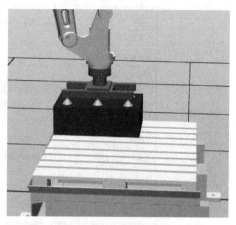
图 12-23 pBase2 放置位置目标点

别为：Offs(pBase1,0,0,0)、Offs(pBase1,600,0,0)、Offs(pBase1,0,400,0)、Offs(pBase1,400,4000,0)和 Offs(pBase1,800,0,0)。

因此可设置一可变量目标点数据 pPlace,在放置过程中根据工件计数数据 nCount1 分别将位置 1~5 的目标数据赋给 pPlace,实现位置的计算功能。程序代码如下。

```
TEST nCount1
    CASE 1：
        pPlace：=Offs(pBase1,0,0,0);
    CASE 2：
        pPlace：=Offs(pBase1,0,0,0);
    CASE 3：
        pPlace：=Offs(pBase1,0,0,0);
    CASE 4：
        pPlace：=Offs(pBase1,0,0,0);
    CASE 5：
        pPlace：=Offs(pBase1,0,0,0);
ENDTEST
```

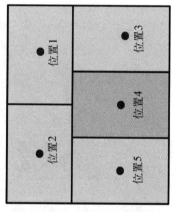
图 12-24 码垛第一层位置图

10. 程序编写与调试

1) 工艺要求

(1) 在进行搬运轨迹示教时,吸盘夹具姿态保持与工件表面平行。

(2) 机器人运行轨迹要求平缓流畅,放置工件时平缓准确。

2) 建立程序模块 MainMoudle

在示教器的程序编辑器中进行程序模块的新建,依次单击"ABB 菜单"—"程序编辑器",若出现新建程序提示框,暂时单击"取消",之后可在程序模块界面进行新建,如图 12-25 所示。

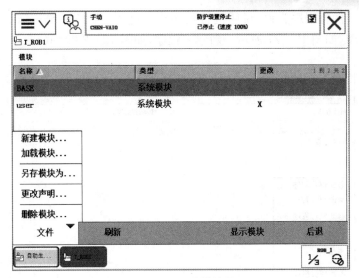

图 12 - 25 新建模块界面

新建一个 MainModule 的模块,如图 12 - 26 所示。

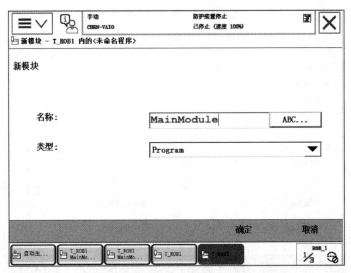

图 12 - 26 新建 MainModule 模块

3）建立例行程序

新建例行程序 main、rInitAll、rPick1、rPlace1、rPos,这些例行程序功能如表 12 - 4 所示。

表 12 - 4 例行程序列表

例 行 程 序	程 序 功 能	例 行 程 序	程 序 功 能
Main	主程序	rPos	位置计算例行程序
rPick1	拾取例行程序	rInitAll	初始化例行程序
rPlace1	放置例行程序		

以新建 main 例行程序为例,说明例行程序建立过程。在 MainModule 模块下,新建一个 main 例行程序,如图 12 - 27 所示。新建主程序,如图 12 - 28 所示。

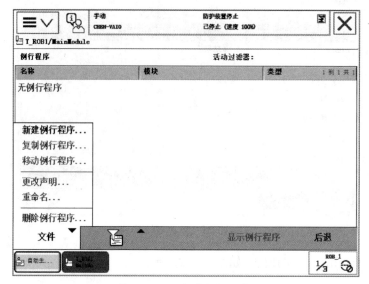

图 12 - 27 新建例行程序

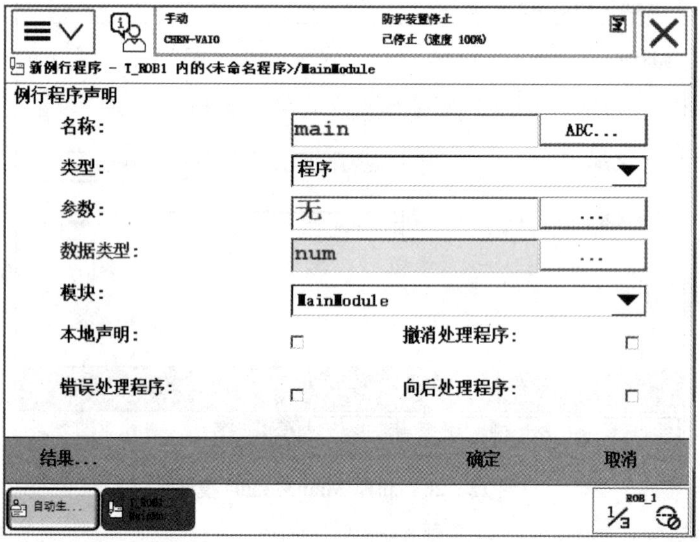

图 12 - 28 新建主程序

（1）主程序。主程序用于整个流程的控制,如下。

```
PROC Main()
        rInitAll；  //调用初始化程序,用于复位机器人位置、信号、数据等
        WHILE TRUE DO
            IF  diBoxInPos1 = 1  AND  diPalletInPos1 = 1  AND  bPalletFull1 =
FALSE THEN    //条件判断
```

```
            rPos;      //调用位置计算子程序
            rPick1;    //调用抓取子程序
            rPlace1;   //调用放置子程序
        ENDIF
    ENDWHILE
ENDPROC
```

（2）初始化例行程序。初始化子程序完成在基础工作站中机器人回原点的功能，还需要对输出信号及计数变量进行复位，如下。

```
PROC rInitAll()
    ConfL\Off;
    ConfJ\Off;
    Reset doGrip;
    MoveJ pHome,v2000,fine,tGrip\WObj:=wobj0;
    bPalletFull1:=FALSE;
    nCount1:=1;
ENDPROC
```

（3）抓取例行程序。抓取例行程序完成从传送带末端将工件抓取的功能。

```
PROC rPick1()
    MoveJ Offs(pPick,0,0,400),v5000,z100,tGrip\WObj:=wobj0;
    MoveL pPick,v1000,fine,tGrip\WObj:=wobj0;
    Set doGrip;
    WaitTime 0.2;
    GripLoad LoadFull;
    MoveL Offs(pPick,0,0,400),v2000,z100,tGrip\WObj:=wobj0;
ENDPROC
```

（4）放置例行程序。放置例行程序完成将抓取的工件放置到正确的位置（该位置已经过运算处理），并将计数值加1，如果计数超过目标数（码垛2层，计数目标为10），则将托盘满的标志 bPalletFull1 设置为 TRUE。

```
PROC rPlace1()
    MoveJ Offs(pPlace,0,0,400),v4000,z100,tGrip\WObj:=wobj0;
    MoveL pPlace,v1000,fine,tGrip\WObj:=wobj0;
    Reset doGrip;
    WaitTime 0.1;
```

```
    GripLoad LoadEmpty;
    MoveL Offs(pPlace,0,0,400),v2000,z100,tGrip\WObj:=wobj0;
    MoveJ Offs(pPick,0,0,400),v5000,z100,tGrip\WObj:=wobj0;
    nCount1:=nCount1+1;
    IF nCount1>10 THEN
        bPalletFull1:=TRUE;
    ENDIF
ENDPROC
```

（5）位置计算例行程序。位置计算例行程序完成码垛各个位置的计算,本例中以码垛 2 层,pBase1 和 pBase2 为示教基准点,计算码垛的 10 个位置,程序如下。

```
PROC rPos()
            TEST nCount1
    CASE 1:
        pPlace:=Offs(pBase1,0,0,0);
    CASE 2:
        pPlace:=Offs(pBase1,0,0,0);
    CASE 3:
        pPlace:=Offs(pBase1,0,0,0);
    CASE 4:
        pPlace:=Offs(pBase1,0,0,0);
    CASE 5:
        pPlace:=Offs(pBase1,0,0,0);
    CASE 6:
        pPlace:=Offs(pBase1,0,0,0);
    CASE 7:
        pPlace:=Offs(pBase1,0,0,0);
    CASE 8:
        pPlace:=Offs(pBase1,0,0,0);
    CASE 9:
        pPlace:=Offs(pBase1,0,0,0);
    CASE 10:
        pPlace:=Offs(pBase1,0,0,0);
    ENDTEST
ENDPROC
```

上述程序完成了 2 层码垛的摆放,下面可以自己尝试更多层码垛的程序设计调试。

4）程序仿真运行

本工作站已预先完成输送链、吸盘吸取和吸盘仿真动作的仿真,在仿真菜单下,单击 按钮,即可仿真运行。

习　题

操作题

打开"XM12_1.rspag"文件,利用已有模型,在机器人另一侧增加托盘,如图 12 - 29 所示,编写程序实现双边码垛功能。

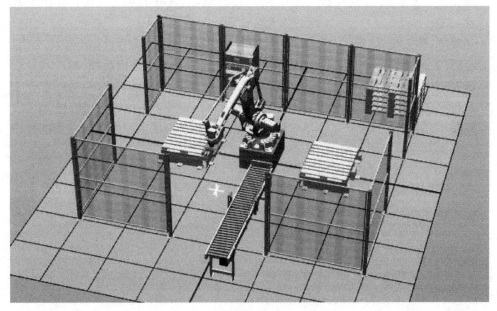

图 12 - 29

参 考 文 献

［1］ 蒋正炎,郑秀丽.工业机器人工作站安装与调试(ABB)［M］.北京：机械工业出版社,2017.

［2］ 汤晓华,蒋正炎,陈永平.工业机器人应用技术［M］.北京：高等教育出版社,2015.

［3］ 叶晖.工业机器人实操与应用技巧［M］.2版.北京：机械工业出版社,2017.

［4］ 叶晖.工业机器人典型应用案例精析［M］.北京：机械工业出版社,2013.

［5］ 吕景全,汤晓华.工业机械手与智能视觉系统［M］.北京：中国铁道出版社,2014.

［6］ 胡伟,等.工业机器人行业应用实训教程［M］.北京：机械工业出版社,2015.

后　　记

　　"加快推动新一代信息技术与制造技术融合发展，把智能制造作为两化深度融合的主攻方向；着力发展智能装备和智能产品，推进生产过程智能化；培育新型生产方式，全面提升企业研发、生产、管理和服务的智能化水平。"智能制造日益成为未来制造业发展的重大趋势和核心内容，是加快我国经济发展方式转变，促进工业向中高端迈进、建设制造强国的重要举措，也是新常态下打造新的国际竞争优势的必然选择。

　　智能制造的发展将实现生产流程的纵向集成化，上中下游之间的界限会更加模糊，生产过程会充分利用端到端的数字化集成，人将不仅是技术与产品之间的中介，更多地成为价值网络的节点，成为生产过程的中心。在未来的智能工厂中，标准化、重复工作的单一技能工种势必会被逐渐取代，而智能设备和智能制造系统的维护维修、以及相关的研发工种则有了更高需求。也就是说，我们的智能制造职业教育所要培养的不是生产线的"螺丝钉"，而是跨学科、跨专业的高端复合型技能人才和高端复合型管理技能人才！智能制造时代下的职业教育发展面临大量机遇与挑战。

　　秉承以上理念，作为上海交通大学旗下的上市公司——上海新南洋股份有限公司联合上海交通大学出版社，充分利用上海交通大学资源，与国内高职示范校的优秀老师共同编写"智能制造"系列丛书。诚然，智能制造的相关技术，不可能通过编写几本"智能制造"教材来完全体现，经过我们编委组的讨论，优先推出这几本，未来几年，我们将陆续推出更多的相关书籍。因为在本书中尝试一些跨学科内容的整合，不完善难免，如果这些丛书的出版，能够为高等职业技术院校提供参考价值，我们就心满意足。

　　路漫漫其修远兮。中国的智能制造尽管处在迅速发展之中，但要实现"中国制造2025"的伟大目标，势必还需要我们进一步上下求索。抛砖可以引玉，我们希望本丛书的出版能够给我国智能制造职业教育的发展提供些许参考，也希望更多的同行能够投身于此，为我国智能制造的发展添砖加瓦！